新しい林業を支える エリートツリー

―林木育種の歩み―

森林総合研究所
林木育種センター 編著

林業改良普及双書 No.205

まえがき

「新しい林業」を実現するためには何が必要でしょうか。

路網の整備や高性能林業機械の導入により伐採の生産性を向上させることも重要ですが、「エリートツリー」を取り入れ、再造林や保育の内容を見直すことも必要と考えています。

新しい林業では、伐採から再造林・保育に至る収支をプラスに転換することを目指しています。しかし、多くの現場では、再造林や下刈りなどの保育に大きな費用がかかり、伐採経費で賄えない状況がみられます。

この課題を解決する、救世主となることが期待されているのが、エリートツリーです。エリートツリーは、初期成長に優れているため、植栽本数や下刈りの回数を減らし、経費の削減や省力化が見込めます。

現在、エリートツリーを実際の森林整備に活用するため、特に成長等に優れ、スギ等においては花粉の少ないものについて、特定母樹への指定を進めています。特定母樹の指定がなされたものについては、林木育種センターから都道府県等へ原種が配布されて、採種園・採穂園の整備が進み、さらに種苗生産事業者を通じて、山行苗木が生産・出荷されようになってきました。

また、林木育種センターでは、エリートツリーのほかにも、花粉症対策品種や病虫害・気象害に強い品種など、社会ニーズに対応した優れた品種も数多く開発してきました。新しい林業を実現し、そして豊かな森林を未来に引き継いでいくためにも、引き続き新たな品種の開発への挑戦を続けていくこととしています。

その一方で、新たな品種を開発しても、その特性が十分に伝わっていないと感じることがあります。例えば、〝エリートツリーは、成長が早いけど材質は大丈夫なのか〟、〝花粉が少ないスギは成長が劣るのではないか〟などの声を少なからずお聴きします。

また、林木育種（事業）においても、エアざし®や閉鎖型採種園など、新しい技術が開発されていますが、体系的にまとめた資料がなく、事業に携わる担当者は多くの悩みを抱えているともお聴きします。

このため本書では、エリートツリーや特定母樹、花粉症対策品種等の優良品種について、開発の経緯やその特性等をまとめるとともに、林木育種の基礎的な技術からゲノム情報を活用した育種、さらには林木遺伝資源の保存など、林木育種全般に対する知識を、最新の知見も交えながら整理しております。

なお、記載に当たっては、多くの皆様に広くお伝えしたいという想いで、できる限り平易な表現としております。エリートツリーやその礎となる林木育種に対する理解が進み、その普及促進の一助となることを願っております。

最後に、本書の執筆に当たっては、林木育種センター及び森林バイオ研究センターの職員はもとより、神奈川県の齋藤央嗣様、富山県の斎藤真己様、静岡県の福田拓実様、愛知県の狩場晴也様、静岡県立農林環境専門職大学の平岡裕一郎様、九州大学の渡辺敦史様にご協力いただきました。そして、編纂に当たっては、全国林業改良普及協会の皆様に様々なご助言をいただきました。皆様に心より御礼申し上げます。

令和5年12月　吉日

森林総合研究所林木育種センター所長　箕輪　富男

目次

まえがき　3

I章　林木育種とは　13

1．林木育種とは　14
2．林木育種の特異性　16
3．林木育種により得られる改良の効果　19
4．育種集団と生産集団　23
5．優良品種　26

髙橋 誠

目次

Ⅱ章　エリートツリーと特定母樹　29

栗田 学

1. エリートツリー開発の流れと特定母樹としての普及　30
(1) 特定母樹への流れの源　精英樹　31
(2) エリートツリー　34
①エリートツリーの開発の経緯　②エリートツリーの選抜基準と特性
③エリートツリーの活用により期待される効果
(3) 特定母樹　41
①特定母樹制度の背景（間伐等特措法）
②都道府県や認定特定増殖事業者の役割
(4) 原種生産・配布　47
(5) 技術指導　48

2. 林木育種に必要な技術　50
坂本 庄生／栗田 学／福元 信二
斎藤 真己／福田 拓実／狩場 晴也
(1) クローン増殖　50
①さし木　②つぎ木
(2) 採種園　60
①採種園の種類　②ミニチュア採種園の造成（スギの場合）
③ミニチュア採種園の管理　④閉鎖型採種園
(3) 採穂園　76
①主な採穂園の種類　②採穂園の台木の仕立て方や造成規模　③採穂園の管理
3. 林木育種の基礎　80
髙橋 誠／田村 明／斎藤 真己／齋藤 央嗣
(1) 育種の考え方　80

①形質と変異　②育種の対象形質　③検定・選抜・交配　④集団選抜育種
⑤量的形質と質的形質　⑥遺伝率　⑦育種集団と生産集団、ふたたび
⑧早期選抜、間接選抜　⑨後方選抜と前方選抜　⑩ＤＮＡ分析
(2) 優良品種　99
①花粉症対策品種　②少花粉品種　③無花粉品種（スギ・ヒノキ）
④マツノザイセンチュウ抵抗性育種　⑤初期成長に優れた第2世代品種

4．特定母樹の指定基準　―あなたもできる特定母樹申請―　115
澤村 高至

(1) 成長量（全樹種）　117
①さし木検定林における対照個体の選定方法
②実生検定林における対照個体の選定方法
(2) 剛性（全樹種）　123
(3) 幹の通直性（全樹種）　124
(4) 雄花着生性（スギ・ヒノキ）　126

(5) 中請個体の基礎データ　131
5. エリートツリーの今後の方向性　134　髙橋 誠
(1) エリートツリーの世代を進める　134
(2) 複合形質の改良に向けて　135
(3) 気候変動への対応　137
(4) 第1世代精英樹の重要性　139
Ⅲ章　林木育種に関連する技術・取組と新たな知見　147
1. 林木育種に関連する技術・取組　148　山田 浩雄／織部雄一朗／千吉良治 久保田 正裕／生方 正俊／宮下 久哉

(1) 林木遺伝資源の保存と利用 148
①生物多様性と林木遺伝資源 ②林木ジーンバンク事業 ③林木遺伝資源の保存
④新たな需要の創出 ⑤希少種等の保存
⑥巨樹・名木等の後継クローン苗木の里帰り
(2) 海外林木育種技術協力 167
①熱帯産早生樹等の育種の進め方 ②ウルグアイにおける林木育種技術協力
③インドネシアにおける林木育種技術協力 ④中国における林木育種技術協力
⑤ケニアにおける林木育種技術協力 ⑥ベトナムにおける林木育種技術協力

2. 林木育種に関連する新たな知見・技術 187
平尾 知士/永野 聡一郎/能勢 美峰/武津 英太郎
小長谷 賢一/平岡 裕一郎/渡辺 敦史

(1) 林木育種のスピードアップ 187
①ゲノム情報を活用した育種 ②ゲノム情報基盤の整備 ③マーカー開発

④MAS（Marker Assisted Selection）⑤ゲノミック予測
⑥トランスクリプトーム解析（遺伝子発現解析）⑦表現型解析
⑵ゲノム編集　*213*

索引

Ⅰ章

林木育種とは

森林総合研究所林木育種センター
髙橋 誠

1. 林木育種とは

現在、スギ等のエリートツリーは、成長等の特性が優れた系統として注目されており、2050年のカーボンニュートラルに向けた農林水産省の戦略として策定された「みどりの食料システム戦略」（令和3年5月策定）において、森林・林業部門における進捗の程度をはかる物差しである重要業績評価指標、KPI（Key Primary Index の略）に「2030年までに林業用苗木の3割、2050年までに9割以上を目指す」としてエリートツリー等の成長に優れた苗木の活用が位置づけられています。このエリートツリーは、2022（令和4）年度末現在、スギ等の主要な林業樹種で1145系統が開発されており、現在これらエリートツリーの普及が進んでいます。

エリートツリーは、長年にわたる「林木育種」の営みが途絶えることなく、時間をかけて、しかし着実に進められてきたことの成果として生み出されました。林木育種とは、林業に用いる樹木を遺伝的に改良することです。育種、すなわち生物の遺伝的改良は、コメやコムギなどの穀物や、トマトやナスなどの野菜、リンゴや柑橘類、ブドウなどの果樹、ウシやブタ、ニワトリなどの家畜、マスなどの魚類といった幅広い生物種を対象として長年行われており、育種によって生み出された新たな品種は、私たちの生活を豊かにすることに寄与してきました。コシヒカリやシャインマスカットといった名はいずれも品種の名前であり、ほとんどの読者はその名を知っていることと思います。これらの品種は、いずれも育種、遺伝的改良によって創り出されたものです。このように育種は日常生活と密接な関係にありますが、林木育種、つまり林業に用いる樹木でも育種が行われていること、その取組は日本においては1954（昭和29）年から国家的規模の事業として進められてきたこと、現在の人工造林で用いられている種苗の約7割（2021〈令和3〉年度のスギ、ヒノキ、アカマツ、クロマツの山行苗木に占める育種種苗の割合）が、この林木育種事業で選抜された優良な系統から生産されたものであることは、あまり知られていないかもしれません。

本書では、近年しばしば聞かれるようになったエリートツリーや特定母樹について、またその背後にある林木育種事業に代表される、我が国における長年にわたる林木の遺伝的改良の取組等について紹介します。ここではまず日本における林木育種の概要について説明します。

前述したように、日本における国家的規模の林木育種は、1954（昭和29）年から始まったものですが、より小規模な林木育種の取組と見なせる記録は、江戸時代以前にさかのぼります。スギの植栽については、15世紀には京都からほど近い北山地域や静岡県の天竜地域で行われていたとされています（Toda 1974, 横山 1994）。江戸時代には、九州の飫肥地域や京都の北山地域においてさし木造林が行われていたとする記録があります。特に九州では多くのクローン（さし木）品種が形成され、それらは現在もそれら地域のさし木林業で利用されています（宮島1969）。これらのさし木林業における品種成立の過程も、林木育種の取組の一端と捉えることができると考えられます。

2. 林木育種の特異性

林木育種は、樹木を遺伝的に改良する営みであるため、その推進にあたっては、対象となる樹木の生物学的な特性の制約を受けることになります。農業作物と比較した場合、樹木の特徴として以下のようなことを挙げることができます（戸田1979、大庭・勝田1991）。

・永年生であり世代時間が長く、個体サイズは長大となる。
・野生性が高く、遺伝的に未改良な状態である。
・個体が成熟するまでに年数を要する。

また、主要な林業樹種は針葉樹であり、針葉樹には、

・繁殖は基本的に他殖性である。

という特徴があります。

林木は、長年生育し個体サイズが長大となるため、林地で育成することになります。特に日本では山地の地形は概して急峻で尾根や谷が入り組んでいる場合が多いため、林地は傾斜等の環境が不均一であることがほとんどです。林地に造林する際に、その環境を林地全体にわたって人為的に制御することは困難です。このように世代時間が長いことや、その植栽環境を制御することが困難なことが、長年にわたって遺伝的に改良がなされず、野生性が高い状態で推移してきたことと深く関係していると考えられます。先に述べましたように林地の環境を制御することは困難です。このような生育環境の不均一性をどのように制御するかは、農作物等の育種においても課題の一つですが、林木育種においても、系統の評価を行おうとする際に、環境条件の違いによって生じる特性のばらつき（誤差）を取り除いて遺伝的特性を適正に評価するために、関連分野の研究成果を活用しながら様々な統計的手法を発展させ、利用してきました。例えば、特性を評価するための植栽試験を行う場合には、これらの統計的な解析手法が適用できるように、反復を設ける、植栽する系統の配置を工夫する、試験によっては植栽する苗木の

種類（増殖方法や血縁関係）も工夫する等、試験地の設計に注意を払って試験地の造成を行っています。このような試験地から得られる調査データを解析する方法も多岐にわたっています。

林木は生育に年数を要し、生理的に成熟して繁殖できるようになるには長い期間を要します。形質によっては一定期間育成した後でなければ実測することができません。例えば、材質形質は、幼齢時には未成熟材を形成し、個体が一定年数以上生育した後に成熟材を形成し、成熟材は未成熟材とは異なる性質を有することが知られています。このため、通常は成熟材が形成されるようになるまでの期間（20年程度）、個体を育成し、その後に形質を評価するという方法が採られてきましたが、評価までに要する年数を短縮するために、林木育種では様々な間接推定法が考案されてきました。

林木育種の対象は主に針葉樹であり、繁殖は基本的に他殖性です。自殖等の近親交配を行うと、種子にシイナ（殻ばかりで中身のない種子）が増える、種子が形成された場合にも発芽率が低下する、発芽した場合にも成長等が他殖により得られた個体より劣る、といった様々な好ましくない特性（「近交弱勢」）が現れます。このため、林木育種では、育種の対象となる個体群（育種集団）の血縁関係に留意し、血縁が高まらないよう遺伝的多様性を維持すべく、多数の優良個体を選抜する等の配慮を行っています。

ここまで述べたように、林木には農業作物とは異なる複数の生物学的な制約があるため、その遺伝的改良には困難を伴いますが、様々な技術開発により、それらの課題の克服に努めています。

3．林木育種により得られる改良の効果

林木育種に限らず、育種では対象とする形質を遺伝的に改良するため、対象形質が優れた個体を「選抜」する、そして優れた個体同士を「交配」して次世代の個体を多数育成し、それらの個体の中からより優れたものを統計的に評価する「検定」という過程を経て、さらに優れた個体を「選抜」するといった作業を行います。このように、交配、検定、選抜の作業を繰り返しつつ、世代を重ねることにより段階的に改良を進めます。例えば、10年生の樹高について、第1世代から第2世代へ改良を進めることによって樹高が向上した場合、第1世代と第2世代の10年次の樹高平均の差が育種によって獲得された遺伝的な改良効果と見なせます。このため、改良効果のことを「遺伝獲得量」ともいいます。世代を1世代進めることにより得られる改良

効果は、劇的なものではないかもしれませんが、世代を重ねることにより、改良効果が積み重なり、より大きなものになっていきます。大庭（1985）は、このような育種の効果を「育種の波」と表現しつつ（図I-3-1）、より高い波をより頻繁に送り出していくことの重要性を述べています（大庭・勝田1991、大庭1995）。

遺伝的に改良を進める時、「選抜」をどのように行うのかは重要です。改良しようとする対象形質が極めて優れている上位の少数個体を選抜すると、次世代における形質は大幅に改良されて、遺伝獲得量は大きくなると期待されますが、その一方で次世代個体は少数の個体を親とした集団となるため、その代償として遺伝的多様性が急激に減少するリスクが高まります。逆に、対象形質が優れた個体について、上位からある一定の割合の個体を選抜するようにすると、選抜する個体の割合が高くなるのに伴って遺伝獲得量は減少しますが、遺伝的多様性が減少するリスクは低減されていきます。

これまでは、1回の選抜を行う際に選抜する個体の割合（選抜率）を変化させた場合、それに応じて遺伝獲得量がどのように変化するかについて述べました。では、選抜を繰り返した場合、選抜率が遺伝獲得量に及ぼす影響はどのようになるでしょうか。改良しようとする対象形質が上位の少数個体を選抜することを強い選抜、上位のより多数の個体を選抜する場合を弱い

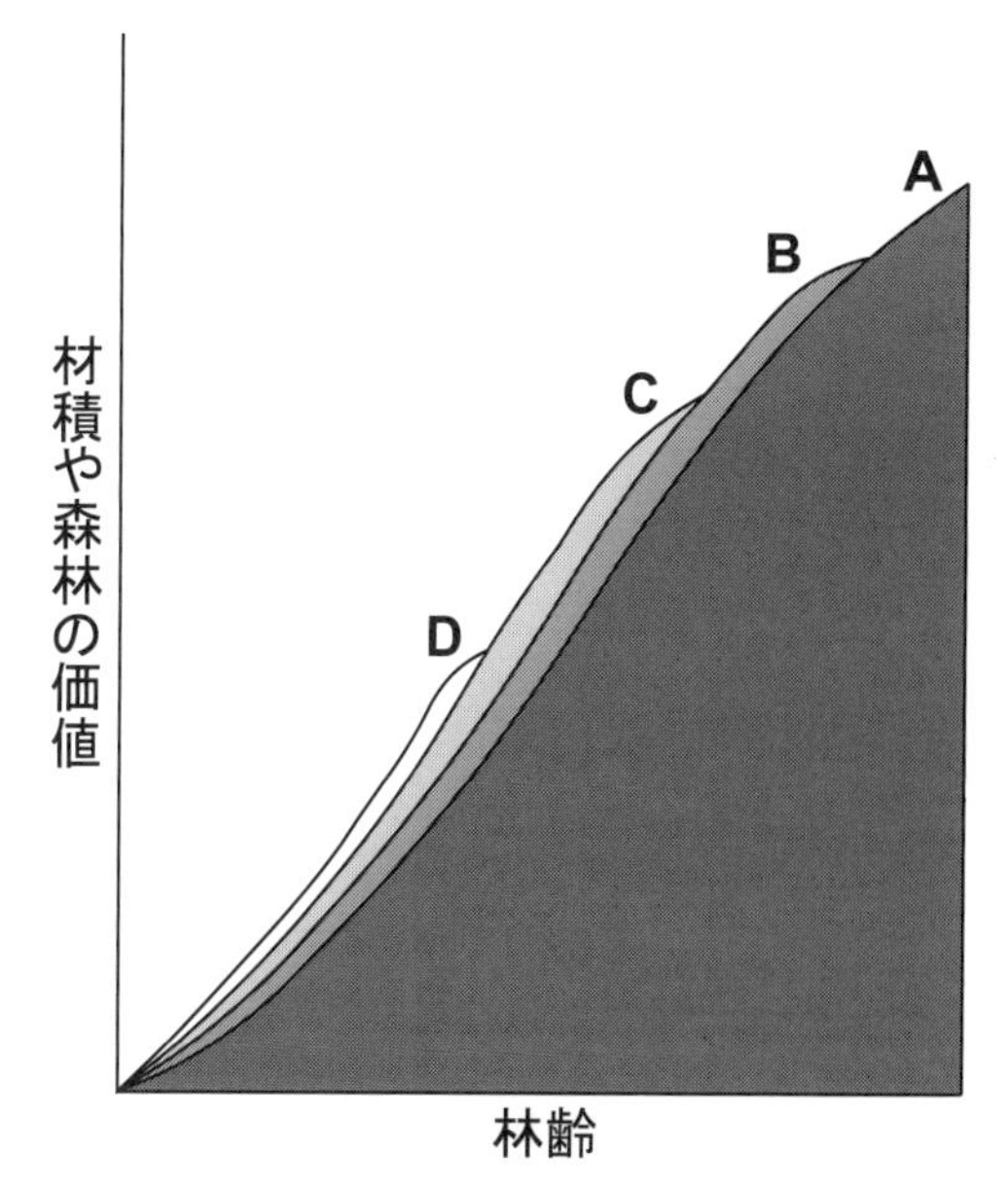

図I･3･1　育種の波の概念図

図の曲線Aは未改良の種苗を植栽した場合の林齢に伴う材積や森林の価値の増大を表している。曲線Bは第1世代精英樹の採種穂園から生産した苗木を植栽した場合、曲線Cは第1世代精英樹の採種穂園から評価が悪い系統を取り除くことにより体質改善（1.5世代化）した採種穂園から生産した苗木を植栽した場合、曲線Dは第2世代精英樹（エリートツリー）の採種穂園から生産した苗木を植栽した場合。曲線B、C、Dは育種による新たな優良種苗の活用による効果であり、「育種の波」と見ることができる。

※大庭喜八郎（1991）林木育種とは．林木育種学（大庭喜八郎・勝田柾編）、p1～7、図4を改変

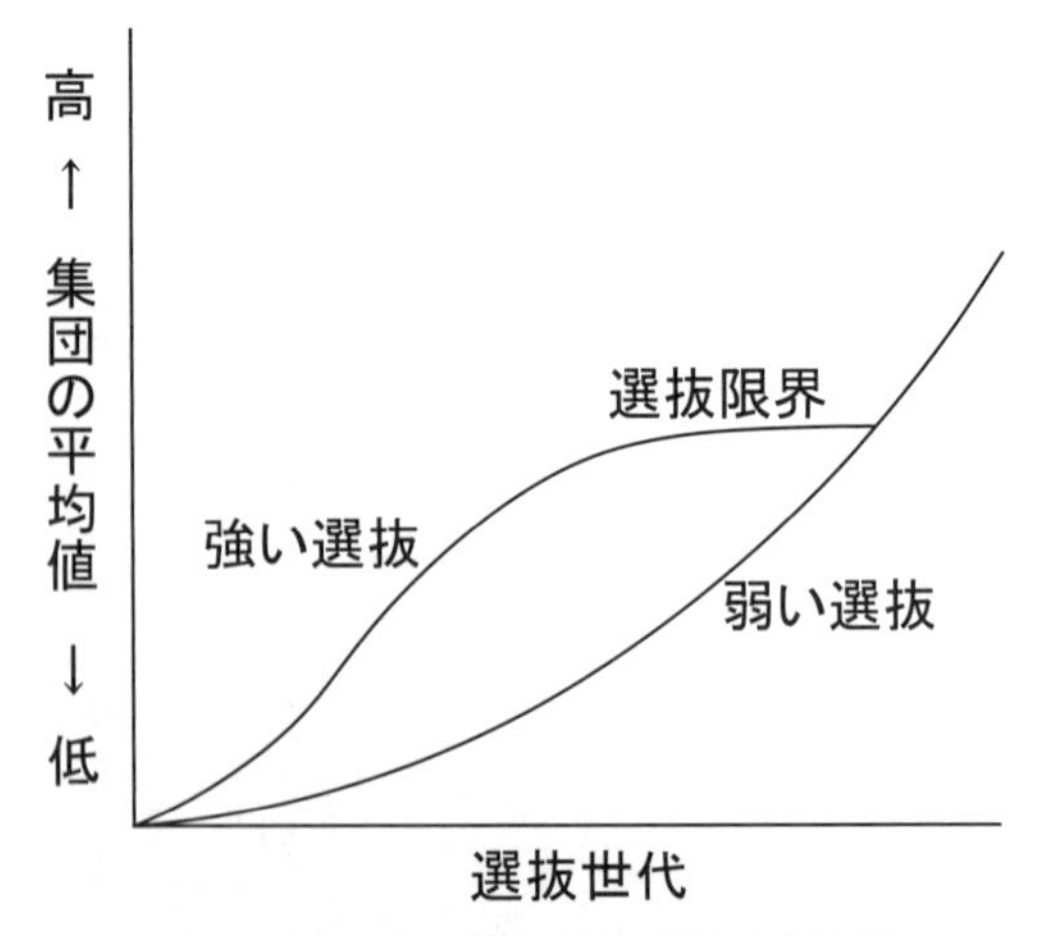

図Ⅰ·3·2　強い選抜と弱い選抜の概念図

ひとつの集団で選抜を繰り返して世代を進めた場合、強い選抜により世代を進めた場合には短期的には改良効果は大きいが早期に頭打ちとなる。弱い選抜により世代を進めた場合には短期的には改良効果は小さいが選抜に改良効果が持続し、結果的に高い改良効果を得ることが期待できる。

※大庭喜八郎（1991）林木育種の進め方. 林木育種学（大庭喜八郎・勝田柾編）、p9～62、図23を改変

選抜とします。理論的な研究により、強い選抜と弱い選抜を繰り返した場合に改良効果がどのように推移するかが明らかにされています（図Ⅰ·3·2）。強い選抜を行った場合、短期的には改良効果が大きいのですが、早い段階で頭打ちになってしまいます。一方、弱い選抜を行った場合には短期的には改良効果は相対的に小さいのですが、改良効果が持続し、結果的に強い選抜を行った場合よりも高い改

良効果が得られるとされています。

4. 育種集団と生産集団

育種を進める場合、遺伝獲得量と遺伝的多様性の両立を図ることが必要であり、かつ重要です。しかし、前述したように遺伝獲得量と遺伝的多様性にはトレードオフの関係が見られます。そこで、両者を両立させるために、育種の対象とする集団を役割に応じて、「育種集団」と「生産集団」の二つに使い分ける手法が用いられています（図Ⅰ･4･1）。育種集団は継続的に選抜を繰り返すための集団で、弱い選抜によって世代を進めていきます。育種集団により、育種が進んでいくことになります。生産集団は山行苗木を生産するための集団であり、育種集団の中から上位個体をさらに選抜した個体によって構成されます。これによって、結果的に生産集団は強い選抜を行った集団と同等と見なすことができます。生産集団では、このように二段階で選抜率を高めることによって、高い遺伝獲得量が期待できます。育種集団と生産集団に使い分けることで、各世代でその時期に得られる改良効果が大きい山行苗木は生産集団から生産しつつ、

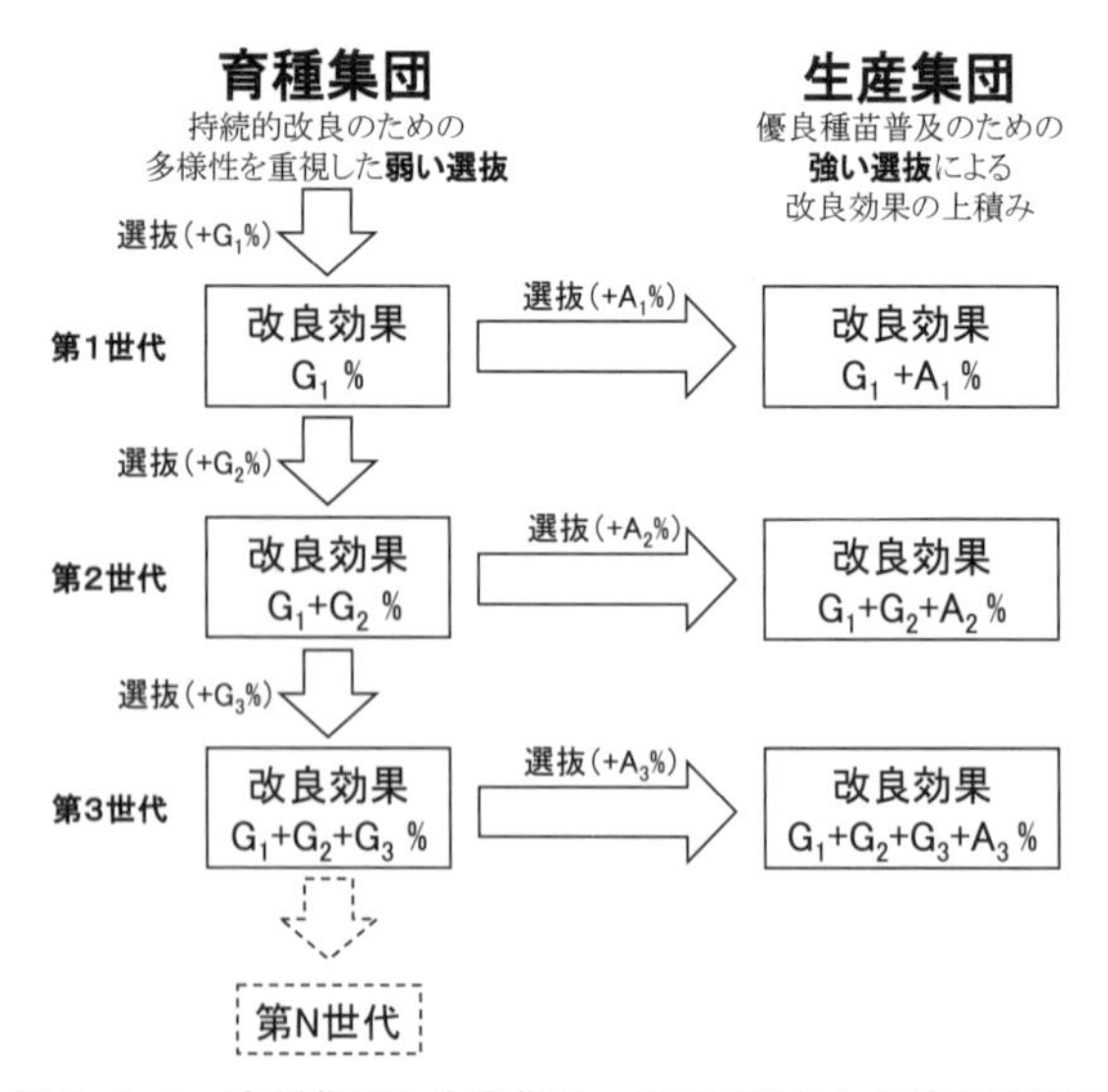

図Ⅰ･4･1　育種集団と生産集団、そこで得られる改良効果の概念図

育種集団の世代を進める際の選抜（弱い選抜）により得られる改良効果をそれぞれG_1%、G_2%、G_3%とすると、第１世代ではG_1%、第２世代ではG_1+G_2%、第３世代では$G_1+G_2+G_3$%の改良効果が得られることになる。また、採種園等の生産集団の構成クローンを選定する際に育種集団の上位クローンを選定（強い選抜）することにより、さらに上積み分の改良効果A_1%、A_2%、A_3%を得ることができる。上図の第１世代では育種集団での改良効果G_1%にA_1%が上積みされ、生産集団の改良効果はG_1+A_1%となっている。世代を進めるのは、育種集団においてであって、生産集団ではないことに留意してほしい。

※Zobel & Talbert（1984）Applied forest tree improvement. JohnWiley&Sons. New York の図 13.2 を改変

育種の世代そのものは育種集団における弱い選抜によって進めることにより、遺伝的多様性の低減を抑制しつつ、累積的に高い遺伝獲得量に達することを可能にしています。

生産集団における強い選抜によって、大きな改良効果が期待できるとはいえ、実際の人工林を構成する林分の遺伝的多様性を考慮すると、生産集団も一定程度の系統数で構成するようにする配慮が必要です。このため、生産集団として採種園や採穂園が造成されていますが、採種園は少なくとも9系統以上で構成することとしています（遺伝的多様性の観点からは、可能であれば25系統以上や、49系統以上の系統で採種園を構成することがより望ましいですが、そのためにはそれら系統の選抜のためにより多くの労力を要することになります）。

このように、現在の林木育種の進め方は、役割に応じて「育種集団」と「生産集団」に分けて考えることにより、「遺伝的多様性」と「遺伝獲得量」の両立を図る流れとなっています。育種集団では弱い選抜を繰り返し、世代を進める一方で、生産集団では強い選抜を行い、種苗生産に供しています。生産集団はその世代限りで良いという考え方で、世代を進めるという主たる役割は育種集団に託しています。

5. 優良品種

林業に用いる苗木に関連して、「エリートツリー」以外に「少花粉スギ品種」や「マツノザイセンチュウ抵抗性品種」といった言葉も耳にすることがあるかと思います。これらの「少花粉スギ品種」や「マツノザイセンチュウ抵抗性品種」は、優良品種の一種です。

それでは、優良品種とは何でしょうか。優良品種とは、第1世代精英樹やエリートツリー等の育種に用いる系統（育種素材）の中で、ある特定の特性が優れていることが明らかになったものです。例えば、スギにおける花粉症対策には、雄花を着けにくい特性を有した系統から種子を採取して苗木を育成することが望ましいです。そこで、雄花着生性を調査して、特に雄花を着けにくい特性が明らかになった系統が優良品種の一種であるスギ少花粉品種として認定されます。少花粉スギ品種等の基準は林野庁が策定したスギ花粉発生源対策推進方針に定められており、実際の優良品種の認定は、国立研究開発法人森林研究・整備機構森林総合研究所林木育種センター（以下、林木育種センター）が設置する優良品種・技術評価委員会において認定されます。これまでに開発されている少花粉スギ品種は、スギの第1世代精英樹を対象として調査を行い、基準を満たす特性を有しているものが品種として開発されています。

今後は、エリートツリーを対象とした雄花着花性の調査が進められることとなっています。優良品種の中には、精英樹以外から開発される場合もあります。それらはマツノザイセンチュウ抵抗性品種等の抵抗性に関係した優良品種です。現在、アカマツとクロマツでマツノザイセンチュウ抵抗性品種が開発されていますが、これらのマツにおいて抵抗性と見なせる特性を有する個体は、極めて低頻度でしか認められません。このため、品種の開発にあたっては精英樹だけではなく、マツ材線虫病の被害を受けた激害林分（一般造林地）における健全木を抵抗性品種の候補木として選抜し特性調査を行っています。

このように、優良品種は、ある特定の特性が優れたものということになります。多くの場合は、エリートツリー等の育種素材の中から優良品種が開発されます。花粉症対策品種については、今後、エリートツリーで、なおかつ少花粉品種といった品種等を開発していくことになります。

参考・引用文献

宮島寛（1969）品種．新版 スギのすべて．坂口勝美監修．全国林業改良普及協会：126〜140

大庭喜八郎・勝田柾（1991）林木育種学．文永堂出版株式会社

大庭喜八郎（1995）林業技術としての育種．林業経済563：10-23

Toda R.（1974）. Vegetative propagation in relation to Japanese forest tree improvement. N. Z. J. For. Sci.4：410-417

戸田良吉（1979）今日の林木育種．農林出版株式会社

横山敏孝（1994）スギ人工林と花粉．林木の育種172：15-18

Ⅱ章

エリートツリーと特定母樹

森林総合研究所林木育種センター

栗田 学　1, 2-(1)①(イ)

坂本 庄生　2-(1)①(ア), ②

福元 信二　2-(2)①②③, (3)

髙橋 誠　3-(1), (2)①②④⑤, 5

田村 明　3-(1), (2)①②④⑤

澤村 高至　4

富山県農林水産総合技術センター森林研究所

斎藤 真己　2-(2)④(ア), 3-(2)③(ア)

静岡県農林技術研究所森林・林業研究センター

福田 拓実　2-(2)④(イ)

愛知県森林・林業技術センター

狩場 晴也　2-(2)④(ウ)

神奈川県自然環境保全センター

齋藤 央嗣　3-(2)③(イ)

1．エリートツリー開発の流れと特定母樹としての普及

２０２０（令和２）年10月、日本は「２０５０年カーボンニュートラル」を宣言し、温暖化への対応を成長の機会として捉える時代に突入したとされています。我が国のCO_2吸収量のうち、約９割が森林による吸収量（環境省国立環境研：２０２１年度の温室効果ガス排出・吸収量（確定値）について）であり、地球温暖化対策の中で森林の果たす役割に大きな期待が寄せられています。中でもエリートツリーへの期待は大きく、国内の様々な施策の中でエリートツリーの活用が位置付けられています。農林水産省では、２０２１（令和３）年５月に、２０５０年農林水産業のCO_2ゼロエミッション化など、食料・農林水産業の生産力向上と持続性の両立をイノベーションで実現する「みどりの食料システム戦略」を策定し、その中で、林業用苗木のうち、エリートツリー等が占める割合を２０３０年に３割、２０５０年には９割以上を目指とするKPIを掲げています。

また、２０２１年６月に林野庁が策定した新たな森林・林業基本計画においても、「新しい林業」に向けた取組の展開として、エリートツリー等を活用した造林コストの低減と収穫期間の短縮等により、伐採から再造林・保育に至る収支のプラス転換を図ること、そしてエリート

ツリー等の再造林による中長期的な森林吸収量の確保・強化を通して、カーボンニュートラルの実現に向けて貢献していくことが謳われています。

林木育種センターは、林野庁、森林管理局や都道府県と連携し、スギ等の林業用樹種について、成長や材質等に優れる優良品種やエリートツリーの開発、さらにエリートツリー等の中から、これからの森林整備に用いられる山行苗木の親としての活用が期待される特定母樹への申請を進めています。本項目ではこれまでに林木育種センターが関係機関等と連携しながら推進してきたエリートツリー開発の流れと、それらの中から特定母樹の指定を受けて普及させている取組について紹介します。

(1) 特定母樹への流れの源　精英樹

精英樹（第1世代）の選抜は、1954（昭和29）年に林野庁が発出した通達（「精英樹選抜による育種計画」）により国有林で開始され、一部府県でも同通達を準用して精英樹選抜が着手されました。また、林野庁は1956（昭和31）年に「林木育種事業指針」を定め、この指針に基づき事業を民有林にも拡大し、1957（昭和32）年度から林木育種事業を組織的かつ計画的に推進することとしました。林木育種事業は、森林の遺伝的素質を改善し、林業の生産性の向上及び森林のもつ公益的機能の高度発揮を図るため、林木の成長量の増大や材質の改良、各種被害に対する抵抗性の向上、その他の林木が有する諸特性の向上を図ることを目的として実施されています。

林木育種事業は当初、「暫定措置」と「恒久措置」に分けて実施されました。

暫定措置は、優良種苗確保事業であり、精英樹選抜育種による改良品種が供給されるまでの間、造林材料の遺伝的素質の維持・向上を図るため優良林分を母樹林として整備し、母樹林からの種子を利用することや、さし木造林地帯においては優良さし木品種を指定し、その適用範囲を定めて造林用に供給することとされました。

恒久措置は、精英樹選抜育種事業で、全国の国有林及び民有林、人工林及び天然林から、用材生産を目的として成長の早いこと、単位面積当たりの収穫量が多いこと、幹が通直であること、病気や虫の害がないこと等を基準として、成長・形質の特に優れた個体を「精英樹」として選抜し（昭和32～33年が最盛期）、それらを育種材料として、遺伝的に優れたさし木品種及び実生品種を育成することとされました。

精英樹選抜の対象樹種は、スギ、ヒノキ、アカマツ、クロマツ、カラマツ、エゾマツ、トドマツの7樹種で開始され、後にリュウキュウマツや広葉樹などが加わり、これまでに47樹種で約９０００個体が精英樹として選抜されています。選抜された精英樹を用いて都道府県が精英樹採種穂園を造成して種穂を生産し、これらにより造林用苗木が生産されるようになりました（昭和32年以降）。

また精英樹の選抜と併せて、精英樹の遺伝的な能力の評価（次代検定）も行われてきました。次代検定とは、精英樹の子供（次代）である実生苗木やさし木クローン苗木（以下、精英樹由来苗木）を試験地（次代検定林）に植栽して、精英樹由来苗木の成績から精英樹の親としての遺伝的な能力を検定するとともに、精英樹由来苗木の地域環境に対する適応性を明らかにすることを目的としています。その結果は、既存の精英樹採種穂園から親としての遺伝的な能力に劣るクローンの除去や、優良な精英樹への植え替え等によって、精英樹採種穂園の改良（改良された採種穂園を、1.5世代採種穂園という）を行い、育種種苗の実用価値を高めることに利用されました。

次代検定林は目的によって「一般次代検定林（精英樹の評価や選抜効果を確認）」、「地域差検定林（遺伝と環境の関係等を評価）」、「遺伝試験林（形質が遺伝する割合や形質間の遺伝的な関係等を評価）」に分けて取り扱われており、１９６９（昭和44）年林野庁通達による次代検定林造成事業により本格的に試験地が造成され、全国におよそ２２００箇所、２９００ha（1箇所1～6

ha）が設定されています。これら次代検定林では1年目、5年目、10年目、15年目、20年目、30年目に定期調査を行い、植栽した各個体の成長や曲がり、材質等の特性評価が行われています。これら特性データは「精英樹特性表」として、林木育種センターのHPで公表しており、都道府県の精英樹採種穂園へ導入する精英樹の選択等に活用さています。

(2) エリートツリー

「エリートツリー」とは、精英樹の中でも、特性の優れた精英樹同士を交配した家系等の中から、さらに優れた個体を選抜した第2世代以降の精英樹の総称です（図Ⅱ・1・1）。エリートツリーの開発経緯と選抜基準、その特性について紹介します。

①エリートツリーの開発の経緯

林木育種事業の進展とともに、選抜された精英樹等の特性が明らかとなりましたが、森林資源の質的な充実、活力ある多様な森林の維持・増進を図るためには、成長、材質、諸被害への抵抗性等がさらに優れた品種を創出することが求められています。そのため、精英樹と優良品

スギ東育 2-258 号
（東北育種基本区）

スギ林育 2-15 号
（関東育種基本区）

スギ九育 2-142 号
（九州育種基本区）

ヒノキ西育 2-38 号
（関西育種基本区）

カラマツ林育 2-66 号
（関東育種基本区）

図Ⅱ･1･1　選抜されたエリートツリー

種との交配や優良品種同士の交配（品種の次世代化）等、特性の優れた精英樹同士の交配等により次世代の育種素材を作出・選抜するための取組が進められてきました。これまでに、全国で9000以上の交配組合せによる人工交配が行われ、作出された20万個体以上の実生苗木を136箇所、81haの育種集団林に植栽し（2022〈令和3〉年3月現在）、定期的な個体調査を行い、その評価結果に基づき、特性の優れた個体がエリートツリー（第2世代精英樹）として選抜・開発されています。

エリートツリーの選抜は2011（平成23）年度より始まり、2022年度末までにスギ646個体、ヒノキ311個体、カラマツ134個体、グイマツ4個体、トドマツ50個体の合計1145個体がエリートツリーとして開発されています（図Ⅱ・i・1）。このように、第1世代精英樹の選抜からおよそ60年、次世代の育種素材の作出・選抜に向けた取組開始から30年余りの年月をかけて開発された個体がエリートツリーです（図Ⅱ・i・2）。エリートツリーは遺伝的な多様性を保ちながら世代を進めていくための育種素材として、育種集団として利用されるとともに、エリートツリーの中でも特に特性の優れた系統は、生産集団としても活用され、山行苗木の生産に利用されています。

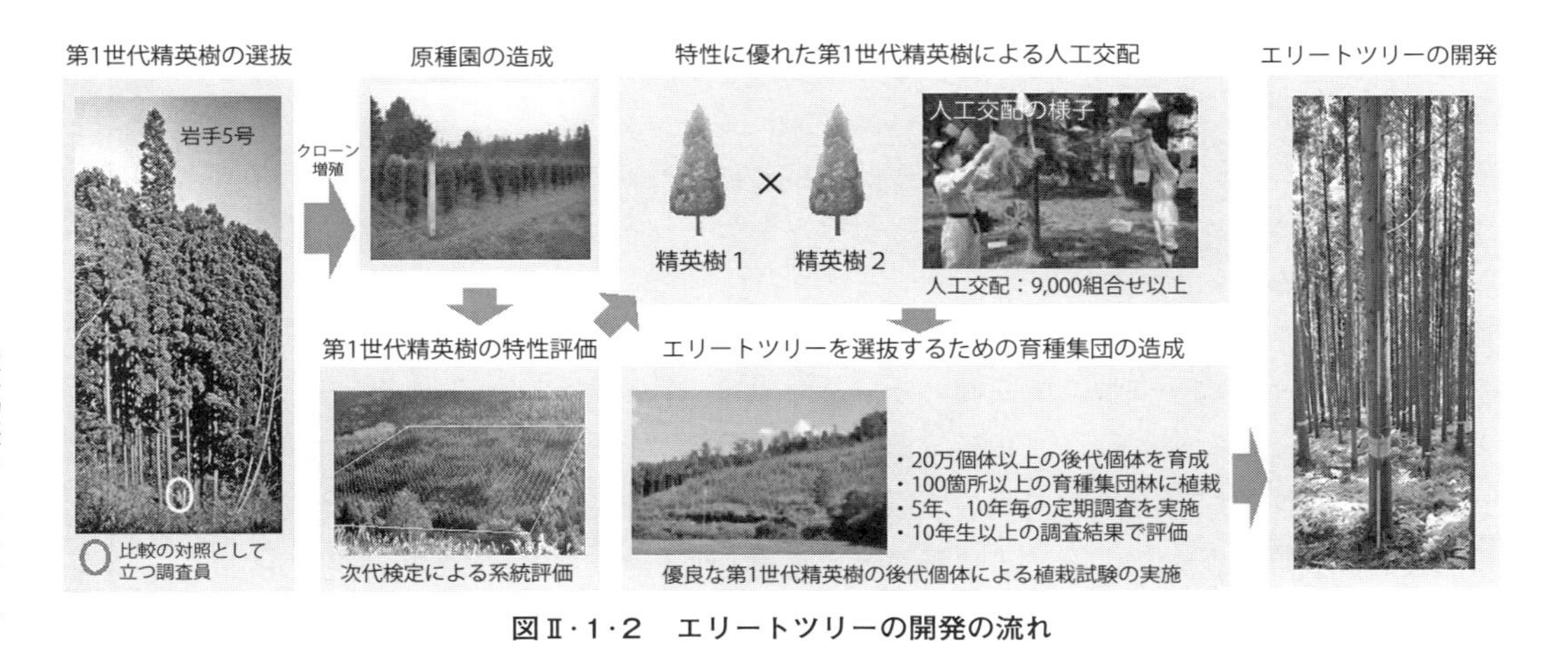

図II·1·2　エリートツリーの開発の流れ

表Ⅱ·1·1　エリートツリー候補木の選抜基準

評価値	特性値
5	μ+1.5 σ以上
4	μ+0.5 σ以上、μ+1.5 σ未満
3	μ－0.5 σ以上、μ+0.5 σ未満
2	μ－1.5 σ以上、μ－0.5 σ未満
1	μ－1.5 σ未満

②エリートツリーの選抜基準と特性

次に、エリートツリーの選抜基準と特性について紹介します。

エリートツリーの選抜は、「エリートツリー選抜実施要領」に基づき実施されています。エリートツリーは原則として10年生以上の林分を対象として、その成長量等を調査・評価することにより選抜しています。具体的には、a．林分ごとに樹高及び胸高直径の調査結果から算出される単木材積を5段階で評価し、評価値が4以上に相当する個体を、両親の系統に偏りがないよう勘案してエリートツリーの候補木として選抜する。b．エリートツリーの候補木において、幹の曲がりや材の剛性に著しい欠点がないこと、病虫害に脆弱ではないことが認められること、スギ・ヒノキについては雄花着花量が多くないこと、その他、特段の欠点がないことを確認することによって、エリートツリーとして選抜されます（表Ⅱ·1·1）。

このように、エリートツリーは成長の早さが最大の特徴となりますが、材質や通直性、病虫害等への脆弱性も考慮されて選抜が行われています（図Ⅱ·1·3）。

③エリートツリーの活用により期待される効果

エリートツリーの優れた成長性は、初期の育林コストの低減への貢献が期待されています。現在、立木販売の収入から再造林費用を賄える状況にはなっていないことから、主伐面積に対する再造林面積の割合は低位にとどまっています。スギ人工林の再造林に要する育林コストのうち約7割が造林初期に必要となり、下刈り等が大きな割合を占めています。再造林に用いる苗木として、優れた成長性を示すエリートツリー由来の苗木（後述する特定苗木など）を活用することで以下の効果が期待されます。a．下刈り回数の削減による初期の育林コストの削減、b．一貫作業システム等の新たな造林技術との併用により、収益性の向上やそれに伴う再造林率の向上と成長の旺盛な若い森林の確実な造成、c．20年または30年などの一定期間当たりのCO_2吸収量の向上などです。すなわち、エリートツリーの活用によって、カーボンニュートラルの達成に向けて、CO_2を吸収する森林機能（森林吸収源）の高度発揮や、早く成長することにより、収穫サイクルの短縮により木材として炭素貯留を促進する効果が期待されると考えられます。

a：関東育種基本区における、第１世代精英樹（左）とエリートツリー（右）の写真。植栽後７成長期後の様子。

b：九州育種基本区における従来種（左）、第１世代精英樹（中）とエリートツリー（右）の写真。植栽後３成長期後の様子。

図Ⅱ･1･3　エリートツリーの初期成長（さし木苗）

ただし、具体的にどの程度収穫サイクルが短縮可能かを明らかにするためには、今後の調査データの蓄積を待つ必要があります。また、伐期を早めることができれば、それに伴い、造林コストを早期に回収することが可能となります。さらに、生産された木質資源が、木材や木質バイオマス等として多段階利用（カスケード利用）されることによって、エリートツリーの活用効果がより長期間にわたり発揮されると考えられます。このように、森林資源の持続的な利用の観点から重要とされる主伐後の再造林において、成長性に優れたエリートツリーと様々な新しい技術（前述の一貫作業システムのような技術）を効果的に併用していくことで、森林吸収源としての森林の機能の向上や、「伐って、使って、植えて、育てる」という森林資源の循環利用サイクルを安定的に回し、また1サイクルに要する期間の短縮に貢献することが期待されます。

(3) 特定母樹

前記のような特徴を持つエリートツリーは、現在、「特定母樹」として普及が進んでいます。ここでは、特定母樹の制度や制度を運用する上での都道府県等の役割について紹介します。

①特定母樹制度の背景（間伐等特措法）

森林の間伐等の実施の促進に関する特別措置法（以下、間伐等特措法）とは、京都議定書の第1約束期間2008～2012（平成20～24）年における森林吸収量の目標の達成に向け、平成24年度までの間における森林の間伐等の実施を促進するため、特別の措置を講ずることを内容として、平成20年に新法として公布・施行されました。その後、京都議定書第2約束期間2013～2020（平成25～令和2）年までに実施される間伐、再造林等の森林整備、成長に優れた樹木（特定母樹）の増殖の推進の観点から、間伐等特措法は平成25年に改正され、特定母樹の制度が新設されました。特定母樹とは、特に優良な種苗を生産するための種穂の採取に適する樹木であって、成長に係る特性の特に優れたものであり、農林水産大臣が指定するとされています。

基本指針において、今後の人工造林に必要となる種苗は、花粉症対策品種やマツノザイセンチュウ抵抗性品種等の地域特有のニーズ等に応じた種苗を除き、特定母樹から採取する種穂により生産することが可能となるよう、その生産体制を整えることを目指すとされています。また、特定母樹の普及にあたっては、民間の活力を積極的に活用することにより特定母樹の増殖の実施を促進するとし、認定特定増殖事業者（民間事業者）による普及も可能となりました（詳しくは後述)。

また、パリ協定に基づく我が国の森林吸収量目標（2030〈令和12〉年度に2.0％削減）の達成のためには引き続き、間伐・再造林等の森林整備の推進が必要であること、さらに、2050年カーボンニュートラルの実現に向け、生産が本格化しつつある特定母樹から育成された苗木を用いた再造林を促進し、森林吸収量の最大化を図ることが重要との観点から間伐等特措法は2021（令和3）年に延長され、2030年度までの間における間伐等の実施や特定母樹の増殖等に関する措置が定められています。

特定母樹の指定は、間伐等特措法が改正された2013（平成25）年度から始まり、2023（令和4）年度末現在、スギで275種類、ヒノキで94種類、カラマツで93種類、グイマツで1種類、トドマツで29種類、合計492種類が指定されています。気象や土壌等の自然条件の違いから樹種や適応品種が異なること、地域の都道府県や森林管理局等との緊密な連携が不可欠であることなどから、全国を5つの「育種基本区」という運営の基本単位を設定して林木育種事業を推進していますが、図Ⅱ・1・4では育種基本区毎の樹種別のエリートツリー開発数と、エリートツリーからの特定母樹の指定数を示しています。エリートツリーから特定母樹に指定されたものはスギで164種類、ヒノキで58種類、カラマツで93種類、トドマツで29種類、合

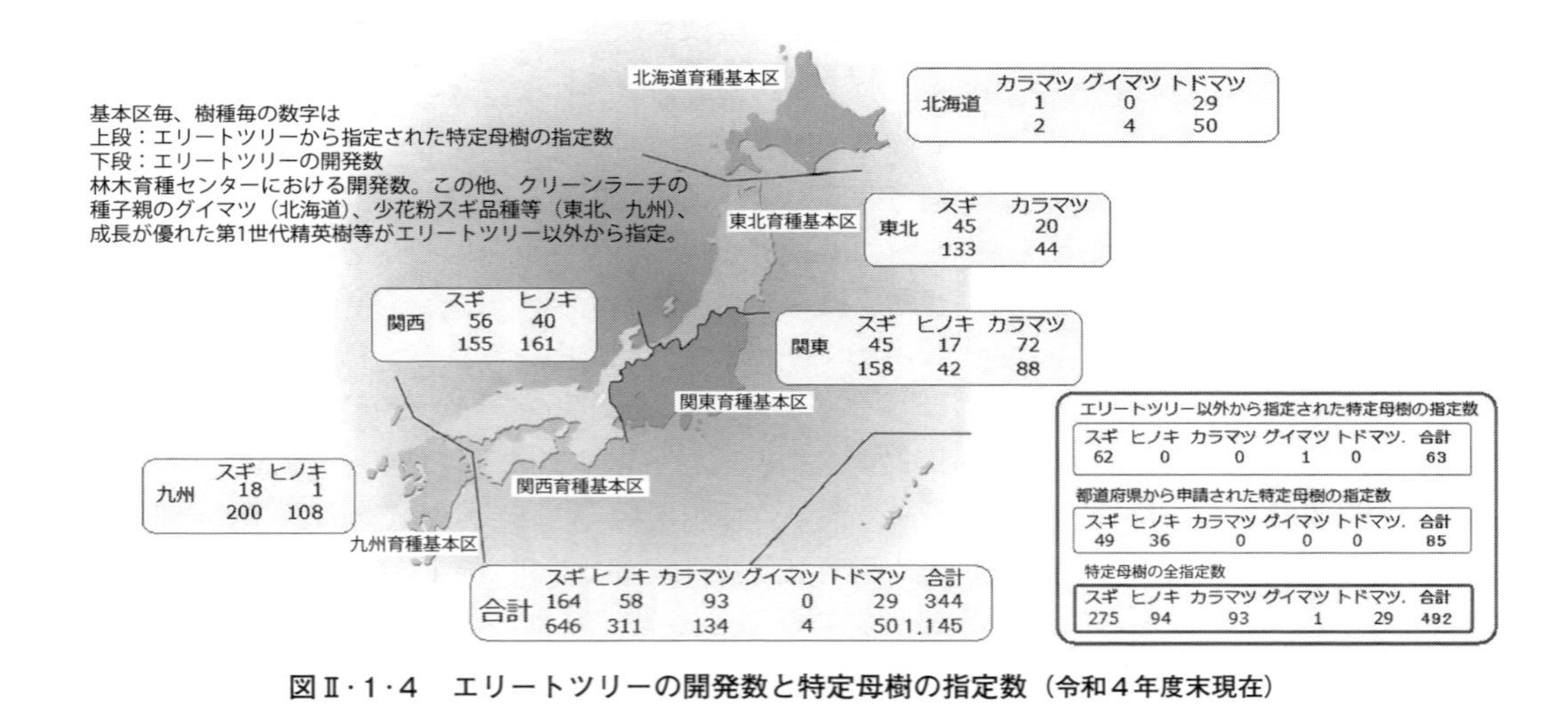

図Ⅱ·1·4　エリートツリーの開発数と特定母樹の指定数（令和４年度末現在）

計３４４種類となっており、約７割の特定母樹がエリートツリー由来となっています（その他に、エリートツリー以外から特定母樹に指定されたものは、林木育種センターからの申請がスギ62種類、グイマツ1種類〈合計63種類〉、都道府県から申請がスギ49種類、ヒノキ36種類〈合計85種類〉となっています）。

②都道府県や認定特定増殖事業者の役割

これまで林木育種センターで開発したエリートツリー等からの種子や穂木の生産については、都道府県が主体となって採種穂園を整備し、林業用種穂の生産が進められてきましたが、間伐等特措法の改正により、特定母樹については認定特定増殖事業者（民間事業者）も採種穂園の造成が可能となりました（図Ⅱ・1・5）。

農林水産大臣が定める、特定間伐等及び特定母樹の増殖の実施の促進に関する基本指針（以下「基本指針」）に即して、都道府県知事は特定間伐等及び特定母樹の増殖の実施の促進に関する基本方針（以下「基本方針」）を定めることができるとされており、特定増殖事業を実施しようとする者（民間事業者）は、特定増殖事業に関する計画（以下「特定増殖事業計画」）を作成し、これを、当該基本方針を定めた都道府県知事に提出して、その認定を受けることができること

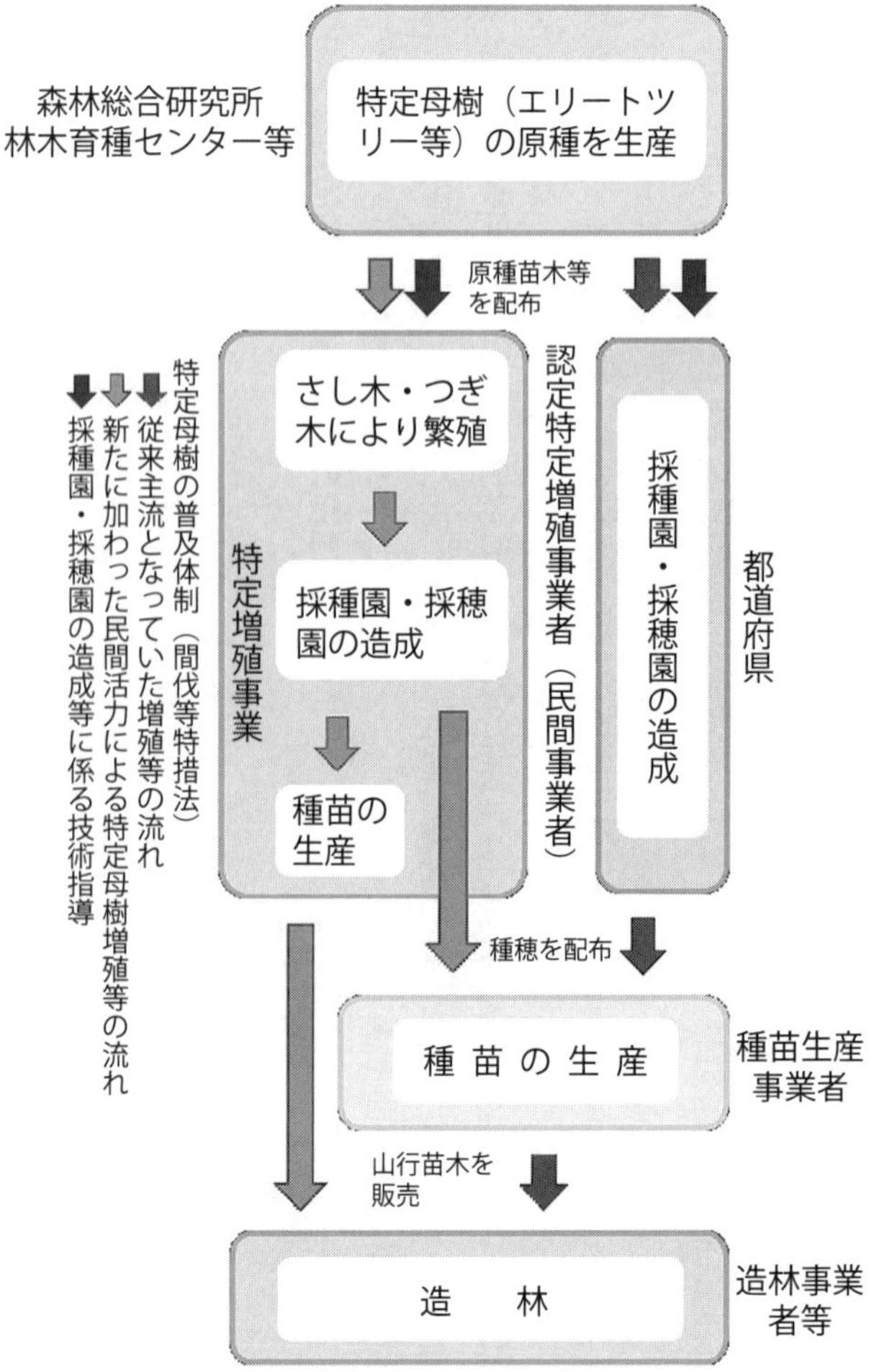

森林総合研究所
林木育種センター等

特定母樹（エリートツリー等）の原種を生産

原種苗木等を配布

特定増殖事業

さし木・つぎ木により繁殖

採種園・採穂園の造成

種苗の生産

認定特定増殖事業者（民間事業者）

採種園・採穂園の造成

都道府県

種穂を配布

種苗の生産

種苗生産事業者

山行苗木を販売

造　林

造林事業者等

特定母樹の普及体制（間伐等特措法）
従来主流となっていた増殖等の流れ
新たに加わった民間活力による特定母樹増殖等の流れ
採種園・採穂園の造成等に係る技術指導

図Ⅱ・1・5　特定母樹（エリートツリー）等の普及の流れ

となっています。認定を受けた者は「認定特定増殖事業者」として、特定増殖事業計画に即して特定増殖事業（特定母樹の増殖を行い、その増殖した特定母樹から採取する種穂の配布や、種穂から配布の目的をもって苗木を育成するための事業等）を実施することが可能です。

なお、２０２２（令和４）年度末現在で、全国で70の事業体が認定特定増殖事業者として登録されています。

(4) 原種生産・配布

林木育種センターでは、森林のＣＯ$_2$吸収源としての機能を一層高めると期待されるエリートツリーを中心とした特定母樹の普及を図るため、都道府県並びに認定特定増殖事業者からの要望に応え、採種穂園を造成するために用いられる原種の配布を行っています。

全国で特定母樹の原種の配布数は２０１８（平成30）年の７９４４本から２０２２（令和４）年は１万５２６３本となり、最近の5年間で年間の原種配布量が約2倍へと増加しています（図Ⅱ-1-6）。これら特定母樹から採取された種穂から育成された苗木（間伐等特措法では「特定苗木」と定義）の生産数は、２０２０（令和２）年度実績で３０４万本（全苗木生産量の約５％）となな

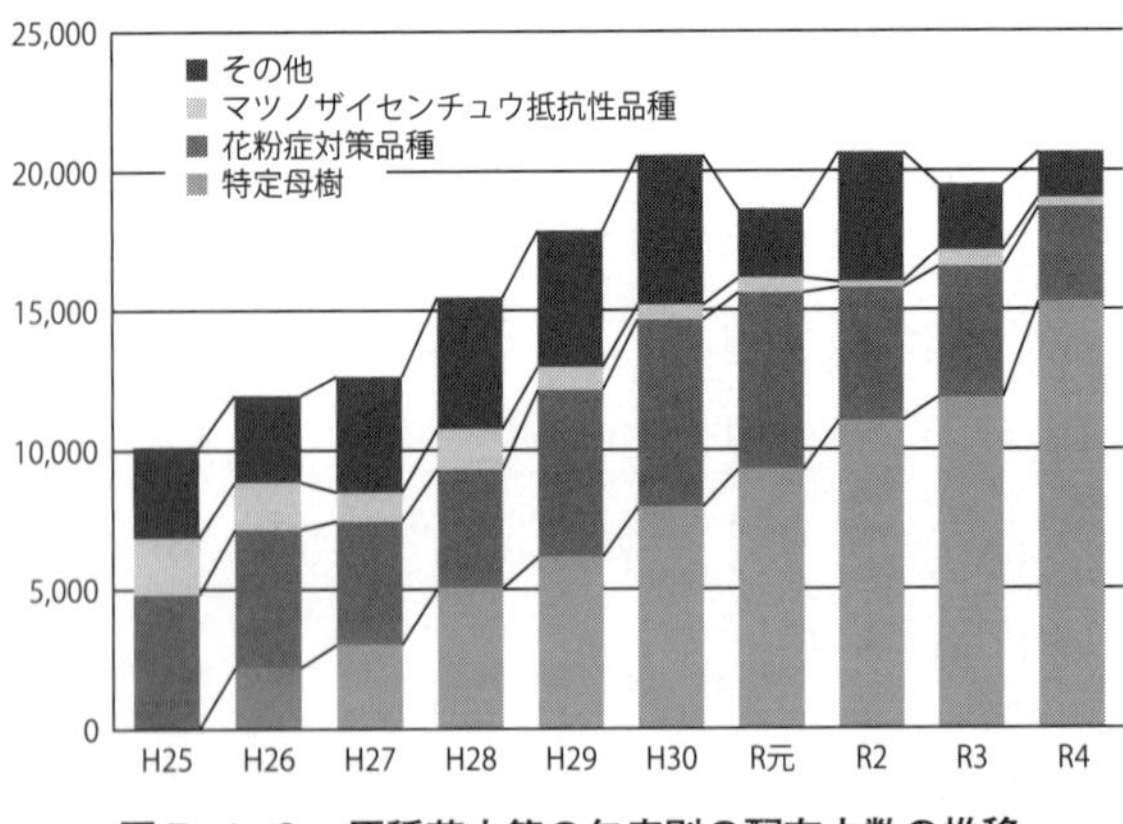

図Ⅱ・1・6　原種苗木等の年度別の配布本数の推移

っていますが、ここ数年で配布された原種が採種穂園の母樹として成熟するに従い、特定苗木の生産数もさらに増加すると考えられます。再造林に必要な特定苗木が早期に十分に生産できる状況になるように、林木育種センターでは都道府県並びに認定特定増殖事業者からの原種配布の要望に応えて、原種の配布を進めています。

(5) 技術指導

林木育種センターでは、原種の生産・配布と併せて、都道府県等で造成した採種穂園から、山行苗木の生産に必要な高品質の種穂が、効率的かつ安定的に生産されるように技術指導を行っています。

具体的には、採種園を造成する際に良質な種子が生産されるようにするため、原種苗木（採種母樹）の植栽配置を設計することや、管理にあたっては、種子を採りやすい樹形に仕立てるため、採種母樹の主幹を切断する「断幹」や、枝の配置を考えて剪定する「整枝・剪定」を行うこと（樹形誘導）などです。最近では、効率的に採種や剪定作業が行えるように、樹高を人の手が届く範囲に抑えた「ミニチュア採種園」の造成方法も指導しています。また、採穂園では穂木を効率良く生産するために、若い枝が多く発生しやすい樹形に誘導する方法などについて指導しています。その他、採種穂園の造成・管理に必要な多様な技術について、作業時期等も考慮しながら技術指導を行っています。

2. 林木育種に必要な技術

(1) クローン増殖

開発された優良品種等は、試験・研究のための育種素材としての成体保存や、採種穂園造成のための原種供給のため、成長性や材質、または抵抗性等の特性をそのまま引き継ぐクローン苗木として「増殖（クローン増殖）」する必要があります。スギやヒノキなどの樹木の場合、「さし木」や「つぎ木」といった無性繁殖により、クローン増殖を行います。

ここでは、さし木による方法とつぎ木による方法について紹介します。

①さし木

さし木は、クローン増殖させる個体から枝や芽、根などを切り取って、保水性や排水性に優れた用土にさし付ける方法です。スギやヒノキの場合、前年に伸長した前年枝を用いる「春ざし」、当年に伸長した当年枝（緑枝）を用いる「夏ざし（梅雨ざしまたは緑枝ざしともいう）」などがあります。また、最近では用土を用いない「エアざし®」と呼ばれる新たな方法も開発されています。

さし木発根後は、苗畑への床替や、マルチキャビティやMスターなどのコンテナへの移植を行い、野外に植栽できる大きさになるまで1～2年程度育成します。

さし木の利点は、発根性の高いスギなどの樹種では技術的に容易で、温度や湿度を適度に保つことで苗木を大量生産できること、着花樹齢が早まり採種園で効果的に利用できることです。欠点は、樹種によっては発根しないことや、同じ樹種でも個体間で発根性に差が見られることが挙げられます。

㋐通常のさし木

従来行われてきたさし木には、樹木の活動開始期である春にさし付けを行う春ざしと、当年に伸長した緑枝を利用する夏ざしがあります。

春ざしに利用するさし穂は、主に樹木の休眠期である冬季に採取した枝を用います。冬季に採取したさし穂となる枝（荒穂）は、栄養分をたくさん蓄えて休眠した状態です。さし付け時期までその状態を維持するために、さし穂は冷凍あるいは冷蔵施設で荒穂の状態で貯蔵します。貯蔵の際は、穂の乾燥や菌の感染・繁殖を防ぐため、水苔やトップジンペーストなどで切口部分を処理します。

夏ざしは、梅雨期や初夏に行う方法で、さし付け直前に当年に伸長した緑枝をさし穂として切り取り、さし付ける方法です。

いずれも、採取する枝は、病虫害等の被害を受けていない健全に生育している枝（さし穂）を採取します。

さし木に用いるさし穂は、さし付けする前に１～２日程度、穂の切り口を流水に浸ける流水処理を行い、その後、20～40㎝程度に穂の長さに調整してさし付けの準備をします。さし付けは、調整したさし穂を発根促進剤のオキシベロンなどで処理し、保水性や排水性に優れた鹿沼土、パーライト、ピートモスなどの用土にさし付けます。さし付け後は蒸散を防ぐため寒冷紗等で日覆し、温度や湿度を保つため適度に灌水を行い根の発根を促します。早いものはさし付け後数週間で発根します。

(イ)エアざし®
エアざし®は、土などの基質を使わず、特定の環境条件下に静置したさし穂に散水することによって発根を促す技術です（図Ⅱ･2･1、Ⅱ･2･2）。エアざし®を活用するメリットは、a．

図Ⅱ・2・1　エアざし®の様子

温室内でさし付け後の管理を行うため、気象条件に大きく左右されることなく発根率が安定する、b．さし床の準備や苗畑の維持管理が不要となり、それに伴う資材費の削減や軽労化につながる、c．発根状況を直接目視でリアルタイムに把握できるため、品種や環境条件の違いによる発根時期の差異があっても、確実に苗木になることが見込まれる発根状態に達した穂木のみをコンテナ等へ移植して育苗の工程を開始できることなどが挙げられ、様々なスギ品種について、さし木コンテナ苗の安定的かつ効率的な生産に貢献できる新たなさし木技術です。

＜エアざし®システムについて＞

エアざし®を活用したさし穂の発根システム（エアざし®システム）は、基本的には温室内に構築します（図Ⅱ・

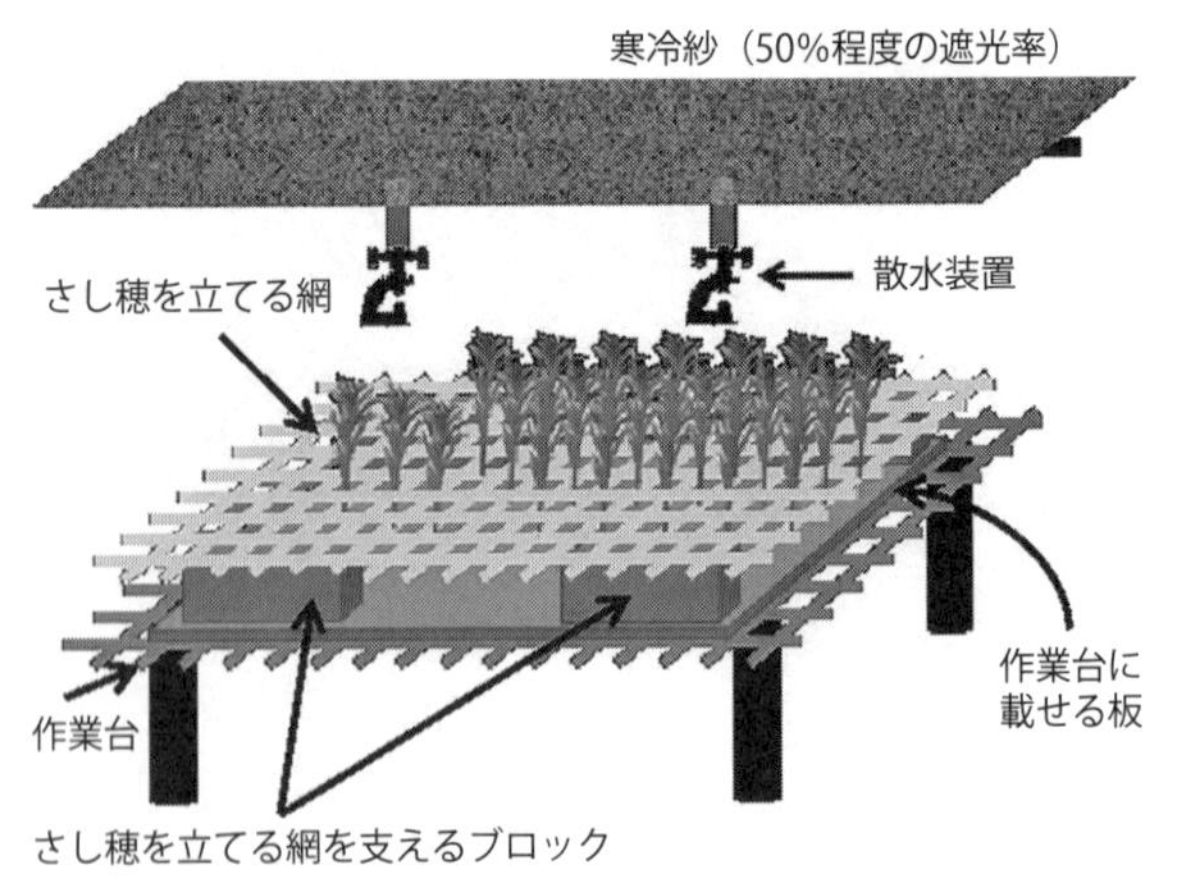

図Ⅱ・2・2　エアざし®システムの一例

2・2）。さし穂の設置や発根状況の確認等の作業性を考慮し、作業台を用いるシステム構成を推奨していますが、地面に直接構築することも可能です。システムの構築手法は、a．作業台を温室内に設置（作業台の天板が網目状の場合は天板の上に板を載せる）、b．作業台（板）の上にスペーサーとなる資材を置く（スペーサーの大きさは、さし穂のサイズによって適宜調節する）、c．ブロックの上に穂を立てるための網を置く、d．さし穂全体にムラなく水がかかるように散水装置を設置する、e．寒冷紗等を用い50％程度の遮光を行う、となります。

作業台に載せる板は、さし穂の基部の乾燥を抑制することを目的としており、その目的が達成されれば板状の資材に限定されません。散水装置の水滴サイズは霧雨程度のサイズ（0・5㎜程度）を推奨しています。水滴の粒径がより細かい場合は、風によって散水範囲が不安定となることが考えられるので、風を防ぐ等の工夫を行い、さし付けた穂のすべてに満遍なく散水が行われるように調整する必要があります。春ざしの場合、遮光率については50％程度を推奨しています。遮光率が85％を超えると、発根率の低下や枯損率の増加が認められています。

〈さし付け条件〉

エアざし®のための採穂時期は3月中旬～4月下旬の春ざしの時期を推奨していますが、梅雨期を除いて、年間を通して安定的な発根が確認されています。梅雨期にエアざし®を行う場合、さし付け後のさし穂の一部に腐敗が見られ、発根率が低下する事例が見られることがありますが、月に1回程度の定期的な農薬の散布と、さし穂の葉量を考慮したさし付け密度の最適化によって、腐敗の防止効果が得られています。これらのデータも加味し、35㎝のさし穂を用いる場合、150本／㎡程度の密度でさし付けを行うことが推奨されています。

＜さし付け後の管理＞

エアざし®は、定期的なミスト散水によって発根させる技術であり、その成否には散水条件が大きく影響します。さし付け場所の環境条件に適した散水間隔や1回の散水に必要な散水量について検討を行った結果から、散水量については、霧雨程度の水滴サイズの散水ノズルを使い0.8ℓ／㎡程度の散水を行うことで、短時間にさし穂全体に水滴を付着させることができます。また、散水間隔については、エアざし®を行う温室の環境条件に適した散水パターンを推定するための早見表がエアざし®の実施マニュアルに掲載されています。これを参考に試行し、各環境条件に応じて散水パターンを最適化する必要があります。

＜発根後のさし穂の取り扱いについて＞

エアざし®では、発根部位が空気中に露出しているため、発根状況を直接目視によってリアルタイムに把握することが可能です。この特長を活用することで、移植に適した発根状態となったことを目視で確認してから移植することができます（マルチキャビティコンテナへの移植の適期についてはマニュアルに記載されています）。このことによって、移植後に高い活着率を示し最適な状態で次の育苗の工程に進むことが可能となります。なお、エアざし®由来のコンテナ苗は、造林地での活着率や成長速度が通常のさし木由来のコンテナ苗と同等であることが確認されています。

②つぎ木

つぎ木は、クローン増殖させる個体から枝や芽、根などを切り取って、他の植物体（台木）に接ぐことで独立した1個体の植物を作る方法です。つぎ木の場合は、つぎ穂となる枝（荒穂）の貯蔵方法、つぎ木を行う時期などそれぞれの作業に適期があること、台木とつぎ穂との間に親和性があることがつぎ木を成功させる上で重要となります。つぎ木における親和性は、植物系統学上近縁なものほど親和性が強く、異属より同属、異種より同種、異品種より同品種の方が活着が容易となります。

また、つぎ木の種類はいろいろありますが、林木育種センターでは、つぎ穂と台木がほぼ同じ太さの場合やスギ、ヒノキ、マツなどの針葉樹は「割つぎ」、つぎ穂と台木の太さが違う場合でキハダやサクラなどの広葉樹は「切りつぎ」、カラマツやケヤキなどつぎ穂が細いものは「袋つぎ」を行っています。早いものはつぎ木活着後、1年程度で植栽可能な大きさになります。

つぎ木の利点は、さし木が難しい樹種のクローン増殖を行うことができること、さし木と同様に着花樹齢が早まり採種園で効果的に利用できることです。欠点は、一般的に技術の熟練を要すること、大量生産する場合は多くの労力（技術者）や台木を必要とすること、つぎ木後の管理（順化等）が難しいことなどが挙げられます。

(ア)通常のつぎ木

つぎ木するためのつぎ穂の採取は、樹木の休眠期である冬季に行います。冬季につぎ穂を採取する理由は、採取した原木へのダメージを低減できること、つぎ穂が栄養分を十分に蓄えていることです。採取したつぎ穂は、春につぎ木を行うまでの間、貯蔵しておく必要があります。貯蔵中の菌の感染・繁殖や穂の乾燥を防ぐため、切り口を水苔やトップジンペーストなどで処理し、その後、冷凍あるいは冷蔵施設で貯蔵します。

つぎ木の適期は樹種・気候によって、またつぎ木の方法によって異なりますが、切りつぎ、割つぎ、袋つぎについては、台木が樹液の流動を開始し、芽吹きが始まる頃が適期となります。

貯蔵していた荒穂を5～10㎝程度の長さに切断し、割つぎであれば切り口をクサビ形に切断してつぎ穂として調整します。台木の主軸を地際から20㎝程度の高さで切り取り、切断面の中央部に割目を入れ、そこにつぎ穂を差し込みます。この時最も注意することは、つぎ穂の形成層と台木の形成層を合わせることです。この形成層が合っていないと活着不良が起きてつぎ木が失敗してしまいます。

その後、つぎ穂と台木を合わせた個所をつぎ木テープなどで固定し、つぎ木部位やつぎ穂の乾燥を防ぐためにビニール等でつぎ木部位を覆い、蒸散を防ぐためさらに寒冷紗で台木を覆います。

(イ) 管(くだ)つぎ

スギやヒノキをつぎ木する際のつぎ穂は、通常の場合は枝の先端部のみをつぎ穂として使用してつぎ木を行いますが、その先端部から下の部分を利用する際のつぎ穂のことを「管穂(くだほ)」と呼んでいます。

「管つぎ」はこの管穂を利用したつぎ木で、成長性に優れた特定母樹等の原種増産のための手段として利用しています。枝の先端部のみをつぎ穂とする場合と比較して、管穂を利用することで5～7倍の数のつぎ木苗を生産できると期待されています。

管つぎの場合、樹種によってはつぎ木活着後に枝性（上に伸びないで枝のように伸びようとする性質）が見られることから、管つぎ後の管理方法の開発が今後の課題となります。

(2) 採種園

採種園とは、エリートツリーや優良品種等の優良な系統から林業用種苗生産用の種子を採取するため、優良な系統同士が任意に交配するように、採種母樹をランダムな配置（または一定の法則により配置）により植栽した種子採取専用の樹木園です。採種園は、効率良く管理して遺伝的に優れた種子を生産することを目的としており、林木育種事業を進める上で大変重要な役割を担っています。

①採種園の種類

日本における採種園には、林木育種事業が始まった当初から普及している通常の採種園と、その後の技術開発を経て現在の主流となっているミニチュア採種園等があります。種子生産量の目標に応じて採種園の種類を選びます。

(ア)通常の採種園

通常の採種園は、林木育種事業の当初から造成されている基本となる採種園です。林野庁が示している「採種園の施業要領（39林野造第1720号）」に基づいて造成・施業が行われており、現在も利用されています。

(イ)ミニチュア採種園

通常の採種園は、精英樹等の種子を多量に生産することを目的としていますが、ミニチュア採種園は、花粉症対策品種の種子の生産など、育種の目標を明確にして効率良く種子生産を行うため、通常の採種園の10分の1程度に設計した採種園で、現在最も普及しています。この採種園の造成と管理については、次項「②及び③」に概略を記述します。

(ウ)雑種採種園

通常の採種園は同じ樹種で採種園を造成しますが、雑種採種園は種間交雑によるF_1雑種(Hybrid)種子を生産することを目的とした採種園です。日本では北海道のグイマツ精英樹とニホンカラマツ精英樹の両者を植栽した採種園が造成されています。このグイマツ雑種種子から生産された苗木（グイマツ雑種F_1）は、成長性や耐鼠性に優れるため、北海道内の造林に広く用いられています。

②ミニチュア採種園の造成（スギの場合）

前項「①(イ)」で述べたようにミニチュア採種園は、現在、最も普及している採種園です。その造成方法について概略を説明します。

(ア)環境条件の把握

ミニチュア採種園の造成に関する環境条件については、通常の採種園にも共通しますが、灌水や病虫害防除用の薬剤散布、ジベレリン（植物ホルモンの一種）処理による着花促進など現地に頻繁に赴き施業管理を行う必要があるので、アクセスの良い場所が適しています。深く肥えた土壌で、日当たりの良い平坦地または緩斜地で各種機械が利用しやすい場所が理想です。また、採種園では、周辺（採種園外）の同じ樹種の花粉が混入すると、優良種子としての育種効果が低減するので、できるだけ同じ樹種の林分から離れた場所を選定します。このほか、集約的な施業管理を行うためには、ノネズミやノウサギ等の獣害や病虫害の防除対策なども考慮する必要があります。

⑴予備試験の実施

ミニチュア採種園は通常の採種園と比較してよりきめ細かな管理が必要なことから、新たな場所で造成する場合は、小規模な予備試験をあらかじめ実施し、土壌条件及び周囲の病虫害や干害など現地の環境等を事前に確認しておくと良いです。

⒲採種園の設計

造成するミニチュア採種園の面積や形状、導入するクローン数、配置型など次の点を考慮して設計を行います。

a．採種園の面積

通常の採種園で種子生産事業を行う場合、面積は1箇所当たり0・5ha以上確保することが望ましいとされていますが、ミニチュア採種園では通常の採種園の10分の1程度の面積で種子生産事業を実施できます。このため、ミニチュア採種園は、敷地面積が限られていても設定しやすく、造成コストも低く抑えることができます。花粉症対策の採種園などの造成に当たっては、目標とする種子生産量を考慮して、植栽本数や面積を決定します。林木育種センターの技術指導では、ミニチュア採種園の採種木1本当たりの種子生産量は35gを目安としています。

採種園の面積は、その採種園に導入する品種（クローン）の数とも関係があります。また、採種園で生産される種子は、採種園に植栽している多数のクローン間での自然交配により生産されます。花粉は意外に遠くまで飛びますが、最も多く交配に寄与するのは、近接した周辺木です。そこで、採種園に植栽したクローンの花粉がバランス良く雌花にかかるようにするためには、植栽するクローンを規則的に配置するよりはランダムな配置にした方が、隣り合う個体の組み合わせ等が多様となるため種子の遺伝的多様性の面から、より優良な種子を生産できます。

b．導入するクローン数と植栽間隔

前述したように、種子の遺伝的多様性の面から、採種園では同じクローン同士の交配をできるだけ避ける必要があるため、同じクローンの個体がなるべく近くにならないように配置します。

理想とされる採種園の構成クローン数は、25クローン以上を利用した25型（25～48クローン）を基本（図Ⅱ･2･3）とします。用地面積の規模が9型（9～24クローン）に比べ約3倍以上必要

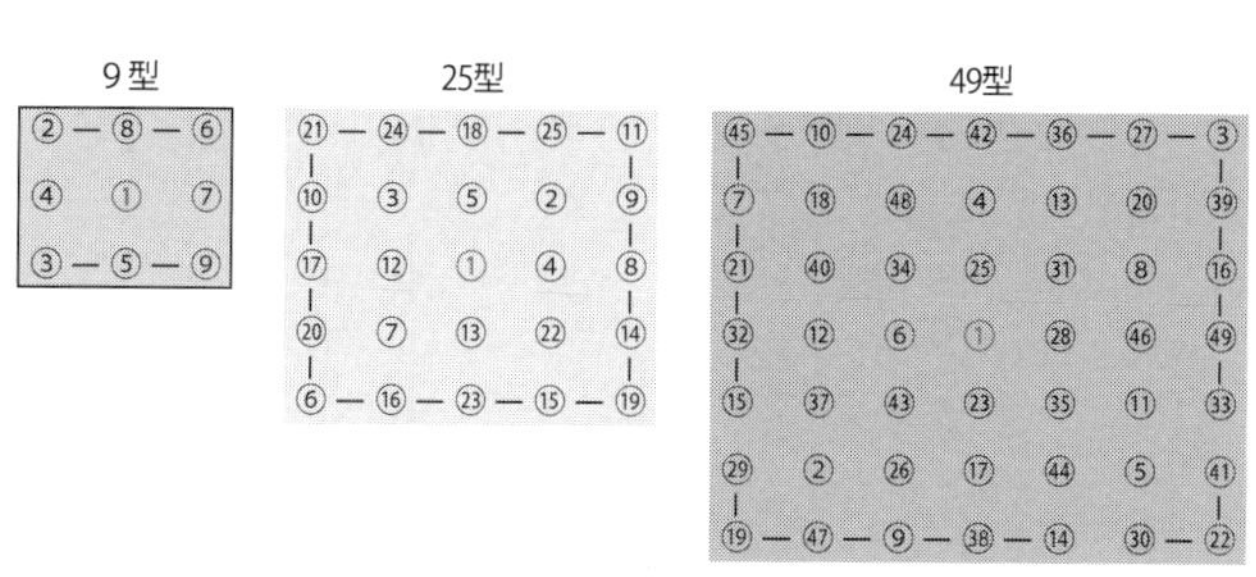

図Ⅱ·2·3　クローンの配置型（古越隆信・谷口純平 1982）

となり、設計・植栽等の手間が掛かり増しとなりますが、できるだけ多くのクローンを導入するようにします。なお、具体的なクローン配置にあたっては、パソコンを利用した配置図作成が一般的ですが、林木育種センターでは、表計算ソフト（Excel）により開発した「単木混交配置図作成プログラム」を使用しています。

ミニチュア採種園における植栽間隔は、設定箇所の地形や形状及び面積、植栽するクローンごとの本数だけでなく、刈払機や薬剤散布機など、保有している作業機械等を総合的に勘案して決定します。一般的に、植栽間隔を１２０cm程度にすることが最も効率的と考えられています。

(エ) 植栽木の選定

植栽する系統の選定は、各機関の需要量に合わせてミニチュア採種園の生産目標を決定し、それに適した系統を採種木とします。ミニチュア採種園では、植栽後概ね3年目にジベレリン処理、その翌年に種子採取、さらにその翌年に剪定と追肥の3年を1サイクルとし、これを3サイクル（約10年）行うことを基本としています。そのため、採種母樹のクローン構成が同じブロックを3ブロック作ることで、毎年種子を収穫することが可能になります。都道府県等においては、採種園設定に必要な品種を、林木育種センターが配布する原種を穂木や苗木の形で受け取ることができます。

(オ)系統管理

ミニチュア採種園は都道府県知事が育種母樹林に指定し、公示することとなっています（林業種苗法施行規則第2条）。このため、その名称は機関名及び造成年度、樹種や特性がわかるような名称とします。一方、苗木の生産事業者も苗木出荷時の生産事業者表示票に供給元の採種園名を記載することになっているため、採種園名は重要です。また、採種園の効率的な系統管理のため、採種木にはクローンの名称や位置（列・行番号）を記載した系統ラベルを取り付けます。これにより、枯損や各種被害があった場合、その系統名等を容易に特定することができます。

③ミニチュア採種園の管理

ミニチュア採種園が完成したら、植栽後の養苗期間は苗木の成長（苗高）等にもよりますが、概ね2～3年以内として、早い段階から着花させて種子生産を行います。通常の採種園では、本格的な種子生産を行うためには、植栽後10年程度を要しますが、ミニチュア採種園では、苗木の定植から概ね3年目にジベレリンによる着花促進処理を行い、その翌年から種子生産が可能です。また、ミニチュア採種園は、採種木の樹体が小さいため高所作業が不要で、植栽間隔も通常の採種園より狭いため採種木間の移動時間も少なく、剪定作業や収穫作業を効率的に行えるなど管理コストが安いという利点があります。ここでは、造成後の各種管理について記述します。

(ア)土壌管理と施肥

採種園における施肥の目的は、土壌の地力の維持とその活用を確実に図ることです。特にミニチュア採種園では、採種木が若齢時からジベレリン処理による着花促進が行われ、採種後には低い位置での断幹や強度の剪定が行われることから、採種木の樹勢が衰えやすくなります。このため、採種木を健全に育成・管理していくためには適切な施肥管理が必要です。

表Ⅱ･2･1　1個体当たりの標準施肥量

樹齢	要素量（個体当たりg）			施肥量（個体当たりg）		
	N	P_2O_5	K_2O	硫酸アンモニア（21%）	過リン酸石灰（18%）	硫酸カリウム（48%）
1	8	12	12	38	67	25
2	12	8	8	57	44	17
3	14	10	10	67	56	21
5	16	10	10	76	56	21
7	20	20	20	95	111	42
10	25	25	25	119	139	52

※採種園の施業要領（S39 林野造第1720号）による。

一方、各採種園の土壌・気象条件は異なっているため、それぞれの採種園における施肥量は、それぞれの土壌・立地条件、採種木の生育状況等を勘案して決める必要があります。なお、林野庁の「採種園の施業要領」では、表Ⅱ･2･1のような施肥基準量が示されています。

(イ)採種木の樹形誘導（断幹、整枝・剪定）

ミニチュア採種園の種子生産は、造成後3年サイクルで3回種子採取して更新することを基本としています。このため、初回の種子生産までの施業は断幹のみで、種子採取は植栽時から伸長した枝（栄養枝）を利用して行います。2回目、3回目の種子生産では、整枝・剪定後に萌芽した枝を充実させて種子採取を行います。

採種木としての樹形の目標は、整枝・剪定や種子採取等の作業を考慮して、断幹高を１００㎝として、立ち上がり枝を含めた採種時の樹高を１２０㎝に維持し、樹冠幅は50～60㎝とします。地際20㎝以下の枝は管理作業を効率的に進めるため除去します。

㈦着花促進処理

スギ、ヒノキの着花促進処理はジベレリン処理が一般的です。スギミニチュア採種園においては、ジベレリン溶液を利用する着花促進技術が確立されており、ヒノキミニチュア採種園においては、ジベレリンペースト剤を利用する方法が主に用いられています。

ミニチュア採種園では、前述したように整枝・剪定後に発生する萌芽枝を利用して若齢時から種子の生産を行うので、ジベレリン処理による着花促進は不可欠な作業となります。

また、地域によって異なりますが、スギでは、雌雄の花芽の分化時期が異なり、6月下旬頃～7月上旬頃の処理は雄花、7月中旬頃～8月上旬頃の処理は雌花の分化を促進させるとされているため、それぞれの時期に1回、合わせて2回程度の回数でジベレリン溶液を葉面に散布します。葉面散布にあたっては枝葉が十分に濡れて、かつ滴下しない程度を適量としています。ヒノキの場合はジベレリンペースト剤の注入処理の効果が高く、6月下旬頃～7月上旬頃に処理を行います。ヒノキは薬害（処理枝の枯損）が出やすい傾向にあることから、樹体の大きさやペースト剤を注入処理する枝の太さに注意する必要があります。

(エ) 採種作業、種子の保存・品質管理

a．採種作業

林業用種子の採取は、「林業種苗法施行規則第27条」で定められており、採種開始期はスギ、ヒノキとも9月20日以降と定められています。種子は母樹になった球果が成熟し飛散直前の種子が最も充実度の高い種子ですが、林業種苗法施行規則で定められた期日以降であれば、球果の採種は可能で、採種の目安としては、球果が黒か茶色に色づき始めた頃が適期です。

b．種子の保存

球果は風通しの良い場所で1カ月程度乾燥させた後、乾燥剤を入れた容器に入れ、貯蔵庫で低恒温・低恒湿に保ちながら貯蔵します。なお、種子を利用する場合は、利用する分だけ貯蔵庫から出し、残ったものは貯蔵庫に素早く戻します。取り出した種子は、直ちに蒔き付けるか、または発芽促進処理を行って蒔き付けます。これを怠ると発芽力が落ちますので十分注意する

必要があります。

c. 種子の品質管理

スギ種子の検定発芽率は、「林木種子の検査方法細則（1969・11　農林省林業試験場）」により、恒温器を使用して28日間に発芽した割合で示すことになっています。検査方法は、種子をシャーレ等の上に並べ、適度の温度（20～30℃）と湿度（発芽床が乾燥しないように過剰にならない程度の水分を供給する）を与えて実際に発芽させ、発芽した健全な種子の粒数を数え発芽率を算出するものです。この方法は、比較的正確な結果が得られますが、検査を要し、また、葉や根だけが発芽する異常発芽と正常な発芽をはっきり判別できない場合もあり、異常発芽を見極める技術を必要とします。

④閉鎖型採種園

(ア)富山県の例

富山県では、優良無花粉スギ「立山　森の輝き」の種子生産に閉鎖型採種園を用いています。これは特定の交配の組み合わせによって無花粉種子を生産する必要があるためで、外部の花粉

図Ⅱ·2·4　「立山 森の輝き」の種子生産を行っている室内ミニチュア採種園

種子親の F_1 小原13号（*aa*）と花粉親の珠洲2号（*Aa*）を交互に配置し、2月に黄色のコンテナの上に扇風機を置いて送風する。

と受粉することを防ぐ必要があります。以前は開花前の雌花に袋かけを行った後、その中に花粉を注入することで種子生産を行っていましたが、この方法では手間がかかり、種子の大量生産が困難であることから、閉鎖型の室内ミニチュア採種園と呼ばれる施設を造成して、交配を行うようになりました（図Ⅱ·2·4）。この方法は大型のビニールハウス（幅5·6m×奥行13·5m×高さ3·7m）の中に「立山 森の輝き」の種子親（F_1小原13）と花粉親（珠洲2号）を混植し、4台の扇風機で室内の空気を循環させ自然交配させています。そうすることによって、外部の花粉と受粉する可能性は極めて低くなり、さらに従来の袋がけによる交配作業も必要がなくなることから、省力的かつ効率的な種子生産が可能になりました。

　現在、富山県ではこの採種園が4棟あり、年間8～10万本分程度の種子の生産体制が整っています。

(イ)静岡県の例
　静岡県では、再造林に使用するスギ、ヒノキの苗木をより形質に優れたものとすることを目指し、閉鎖型採種園での種子生産を行っています（図Ⅱ・2・5）。閉鎖型採種園では、人工交配を行うことで採種園内にある特定母樹同士の確実な交配が可能です。また、閉鎖型採種園はスギにおいて種子生産量と発芽率が高いことから、母樹1本当たりの苗木生産数がミニチュア採種園の2・5倍以上というメリットもあります（表Ⅱ・2・2）。

　一方でヒノキでは花芽、特に雄花が枯死する事例を確認しており、種子生産に課題があります。現在、雄花が枯死しない条件を探るほか、多く取れた年の花粉を冷凍保存したり、野外に花粉採取用の母樹を植栽するなど、閉鎖型採種園内で雄花が枯死しても人工交配を行える工夫をしています。

図Ⅱ･2･5　閉鎖型採種園内のヒノキ

表Ⅱ･2･2　ミニチュア採種園と閉鎖型採種園の比較（スギ）

	ミニチュア採種園	閉鎖型採種園
単位面積当たりの母樹本数（本/㎡）	0.45	0.46
生産サイクル	3年に1回生産	毎年生産
単位面積当たりの年間種子生産量（g/㎡）	2.5	13.2
種子発芽率（%）	20.7	39.3
母樹1本当たりの種子生産量（g/本）	19.5	28.5
母樹1本当たりの苗木生産数（本）	400.8	1112.2

㈹愛知県の例

愛知県では、エリートツリー等由来の苗木生産に向け、愛知県森林・林業技術センター（新城市）敷地内に2021（令和3）年3月から閉鎖型採種園（ビニールハウス）を造成し、種子生産に向けて取り組んでいます。2023（令和5）年4月時点で、エリートツリーのヒノキ2棟、スギ1棟及び少花粉品種のヒノキ2棟、作業用1棟の計6棟となっており、1棟当たり48～96本の採種木を育成し、液体肥料自動供給システムで管理しています。採種木1本当たりの種子生産量の目標をヒノキで6000粒、スギで2万4000粒相当とし、林木育種事業及び試験研究の担当が連携して採種園を管理すると共に効率的な種子生産手法の開発を行っています。

閉鎖型採種園の利点として、採種木同士の確実な交配ができることに加え、天候に左右されずに着花促進剤の散布等が可能なこと、採種木への水分・施肥管理が従来の採種園よりも直接的で、それによって着花促進が可能なことがわかりました。一方で、着花促進処理で毎年安定した種子生産が可能かどうかの検証、交配時期のハウス閉鎖時における高温・高湿環境下での花粉採取や交配作業の効率化等が主な課題となっており、その課題解決に向けた取組を進めています。

(3) 採穂園

採穂園とは、精英樹等の優良母樹（オルテット）からさし木やつぎ木などの無性繁殖によってクローン増殖した苗木（ラメート）を植栽し、遺伝的に優れた穂木を多量に生産し、かつ採穂が容易に行えるように樹形誘導した樹木園です。採種園と採穂園の違いは、目的が実生苗生産用の種子の生産であるか、さし木苗（クローン）生産のためのさし穂（穂木）の生産であるかの違いであり、これに伴って樹形の仕立て方や施肥などの管理にも違いがあります。

ただし、前項「(2)採種園 ②ミニチュア採種園の造成（スギの場合）(イ)環境条件の把握」で述べたように、設定環境に関する条件は同じです（同じ樹種の林分から離れた場所であることを除いて）。また、植栽方法は、採種園のようなランダム配置ではなく、通常は系統ごとに列状に配置して、また、十分な光量を確保するため、枝が重ならないように管理します。

①主な採穂園の種類

(ア)精英樹等採穂園

精英樹等採穂園は、精英樹や優良品種等の造林用さし木苗生産のためのさし穂を多量に生産することを目的としています。そのため、精英樹や優良品種等の中でもさし木発根性の高い特性を持つクローンを主体に採穂園を造成します。

(イ)気象害抵抗性採穂園

気象害抵抗性採穂園は、一般的な精英樹等の採穂園と同じくさし穂生産に利用するもので、管理等に関しては、冬囲い等の作業が追加されます。育種目標が明確で、多雪地帯の根元曲がりや、低温による凍害などに抵抗性のあるクローンで採穂園を構成します。

②採穂園の台木の仕立て方や造成規模

優良な品種から簡単に多量のさし穂を生産するため、さし穂台木の樹形を一定の形に誘導します。台木の仕立て方には複数の方法があります。仕立てる高さによって低台、中台、高台に分けられ、さらに台木の刈り込み方によって丸刈、平刈、半円形、円筒型に分けられます（図Ⅱ·2·6）。

仕立て方や造成規模は、地方により大きな差があります。例えば東北地方では冬期間の寒風害を避けるため、低台仕立て（0·2～0·3ｍ程度）でha当たり数万本定植します。山陰地

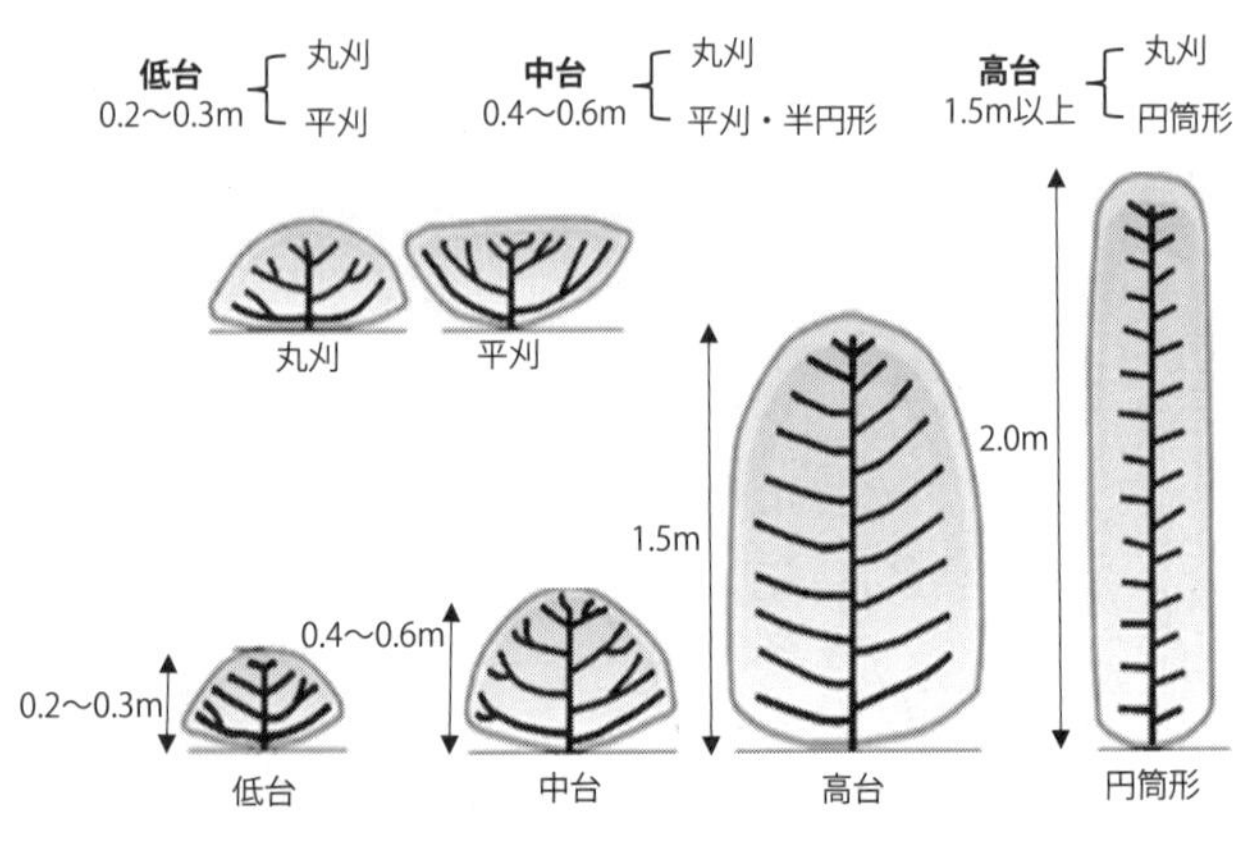

図Ⅱ・2・6　採穂仕立ての模式図（東北育種基本区の例）

方では高台円筒型仕立て（1・5m程度）でha当たり6000〜1万本定植、九州地方では高台丸刈型仕立て（1・5m程度）でha当たり4000〜5000本定植し、2000〜2500本を最終残存本数としています。

③採穂園の管理

採穂木は、さし木苗を生産するための穂木を収穫するものであり、一定の大きさの穂木が採穂できるように樹形誘導をする必要があります。そのため、前述したとおり、気候や地域性を考慮した樹形の仕立て方が必要となりますが、この他に採穂木の肥培管理も必要で、このうち施肥の基準量としては、発育促進期である植栽から2〜3年目、整枝・剪定期の4〜7年目、完成採穂期の8年目

表Ⅱ·2·3　施肥基準量

実践採種穂園の管理（S59 東北林木育種場）による。

仕立て方	樹齢	要素量（1本当たりg）		
		N	P_2O_5	K_2O
共通	基　肥（植付時）	7	8	6
	2～3年目（発育促進期）	8	8	4
低台仕立て	4～7年目（整技剪定期）	10	10	8
	8年以降（完成採穂期）	16	19	13
中台仕立て	4～7年目（整技剪定期）	17	17	14
	8年以降（完成採穂期）	27	32	22
高台仕立て	4～7年目（整技剪定期）	20	20	16
	8年以降（完成採穂期）	32	38	26

※注　堆肥は肥料の要素量の計算に入れない。
施肥は採穂直後に行い、生育不良・衰弱が目立つ場合は随時速効肥料を施す。

以降に分けて行い（表Ⅱ·2·3）、地形や土壌条件、採穂台木の生育、採穂量も考慮しながら毎年行います。

また、採穂木は剪定・採穂を毎年行うので、新しい萌芽枝や不定芽等も毎年発生します。このため発生した部分の組織が柔らかく、気象害、病虫害などに弱いことから、状況を常に確認し、きめ細かな防除作業等を行う必要があります。気象害としては、凍霜害・雪害・干害などがあり、凍霜害の対策としては、藁むしろなどで台木を保護する、寒冷紗で二重覆いにする、恒久的には防風林を設ける等です。雪害に対しては、支柱で固定し採穂母樹を結束します。干害に対しては、刈草や敷藁などで地表を覆います。また、スギの病虫害の主なものは、スギ赤枯病とスギハダニがあり、スギ赤枯病の消毒は年3～4回ボルドー液（殺菌剤として使用される硫酸銅と消石炭の混合溶液）で防除し、罹病台木は除去し焼却処分します。スギハダニには殺ダニ剤が効果的です。

この他の害としてノネズミなどの獣害があります。ノネズミ防除としては、殺鼠剤による防除や、恒久的には防鼠溝（巾30㎝、深さ40㎝）を設置する方法などがあります。剪定した枝、くず穂などは病虫害発生源となるので、必ず除去します。

3．林木育種の基礎

⑴ 育種の考え方

①形質と変異

本書の冒頭でも述べましたが、育種とは対象となる生物を遺伝的に改良する取組です。遺伝的な改良を行うためには、まず、個体ごとの遺伝的な違いを明らかにする必要があります。

それぞれの個体は、様々な形、大きさ、色といった見た目（表現型）でわかる異なった形状や性質、特性を持っていますが、それらを「形質」といいます（多くの場合、遺伝するものを指します）。例えば、樹高や胸高直径、材の強度（剛性）を表す指標の一つであるヤング率、花粉飛散量と関係する雄花着花性は形質の例です。図Ⅱ·3·1は、春先のスギの枝先の写真ですが、右のスギでは非常に多くの雄花が着生しているのに対して、左のスギでは雄花が全く着いていません。このように形質に違い（変異）が見られること、それらの変異が遺伝的な要因による違いであることが育種を進める上で重要です。

日頃読者の皆さんがスギ等の人工林を訪れた際、一斉林であればそこに生育している木々はおおよそ同じ樹高、似通った胸高直径です。しかし、よく見てみると1本1本の樹高や胸高直径には変異があることがわかります。例えば、形質として樹高に着目した場合、1本1本の樹高の変異には、1本1本の木々の生育環境に由来する部分（環境変異、環境誤差）と、遺伝的な違いによる部分（遺伝変異）が混ざっています。「環境変異」には、その木にとっての日照条件や土壌の肥沃度、水分条件等が影響していると考えられます。「遺伝変異」には、その個体が種子親や花粉親からどのような遺伝子、ＤＮＡを受け取ったかという遺伝的な違いが影響して

図Ⅱ・3・1　スギの雄花着花性

いると考えられます。育種ではそれぞれの個体がどのような遺伝変異を保有しているのか、有用な変異を有している個体はどれなのかを明らかにして、優れた遺伝変異、遺伝的特性を有している個体を選び出し、それらの遺伝的性質を利用して改良します。

②育種の対象形質

スギやヒノキ等の林木育種では、精英樹選抜育種事業の当初より、林業における木材生産性を高めることを目的として、樹高、胸高直径、単木材積、幹曲がり等の形質を対象に育種を進めてきました。成長形質の中でも、造林初期の成長、初期成長は下刈りといった初期保育費と密接な関係にあります。地拵えから下刈りまでの造林の初期費用は、造林経費の多くを占め、山元立木価格の水準を大きく上回る状況にあり、下刈り回数の低減が求められています。このため、初期成長も育種の対象形質となっています。

時代が進むにつれて、材質を高めるために木材の強度等に関連する材質形質も育種の対象形質に加えられました。近年、住宅メーカーにおいては、外材の代替材として、国産材を積極的に利用する取組が拡大しています。一方、低層住宅建築のうち木造軸組工法では、横架材に高いヤング率や多様な寸法への対応が求められるため、ベイマツやレッドウッド（ヨーロッパアカマツ）などの集成材等の輸入材が高い競争力を持つ状況となっています。また、2015（平成27）年3月には、ツーバイフォー工法部材の日本農林規格（JAS）が改正され、国産材（スギ、ヒノキ、カラマツ）のツーバイフォー工法の部材強度が適正に評価され、国産材利用が進みつつあります。このため、国産材の利用拡大と地域の林産業の活性化のため、剛性の指標であるヤング率が育種の対象形質になっています。製材歩留まりには幹や根元の曲がりも影響しますが、これらは林木育種事業の当初から育種の対象形質として評価されています。

花粉症対策のためにスギ、ヒノキでは雄花着花性も評価されています。スギの花粉症は、1964（昭和39）年に日光地域で初めて報告されて以来、時代の経過と共に罹患者が増加し、最近の報告では国民の約4割が罹患しているといわれており、社会的な問題となっています。また、ヒノキの花粉症も顕著になってきています。このようなことから、スギ・ヒノキでは、花粉の生産量が少ない、あるいは花粉を生産しない系統が望まれており、花粉の生産に関係する雄花の着花性は、重要な育種の対象形質になっています。

国連気候変動に関する政府間パネル（ＩＰＣＣ）の第5次評価報告書において、「気候システムの温暖化は疑う余地はない」とされており、地球温暖化は世界中の自然と社会に深刻な影響を与え、我が国の農林水産物の生産にも重大な影響を及ぼすことが懸念されています。気候変動に対処するために、国際的にはＩＰＣＣを中心にカーボンニュートラルの達成を目指す等の方向性が示されており、我が国においても政府は２０５０年までにカーボンニュートラルを目指すことを２０２０（令和２）年10月に宣言しました。カーボンニュートラルを達成するためには、森林等の二酸化炭素吸収の最大化の実現が重要であり、炭素貯留能力と関係する成長量（材積、樹高、胸高直径等）と容積密度が育種の対象形質になります。加えて、地球温暖化がもたらす高温や乾燥といった環境ストレスに対する適応性も新たな育種の対象形質となっています。

林木の育種により選ばれた優良な特性を有する系統を普及するためには、それらの系統から苗木を生産する必要があります。このため、実生苗の生産に関係する形質（種子生産に関係する雌花の着花性等）やさし木苗の生産に関係する形質（さし木発根性等）も確認しながら林木育種が進められています。

③検定・選抜・交配

育種では、対象とする集団の中から着目した形質について優れた遺伝変異を有する個体を選抜することが重要ですが、樹高等の形質において測定できる値（表現型）には環境条件と遺伝的要因が影響しているため、形質への環境の影響も考慮しながら、各系統の評価を行う必要があります。このような環境の影響を考慮しながら、別の表現をすれば環境の影響を取り除きながら、遺伝的特性を評価するプロセスを「検定」といいます。検定を適切に行うためには、一定の試験設計を行った上で試験を行う必要があります。異なる多数の系統を対象に検定するために造成する試験林のことを「検定林」といいます。検定林では、通常20以上の系統を一緒に植栽します。この時、植栽地を3～6つの区画に区分し、すべての区画に植栽する予定のすべての系統を植栽するようにします。例えば6区画を設けて、それぞれの区画に20系統が植栽されている場合、区画を一つの植栽単位と考えれば、各系統は6回繰り返して植栽されていることになります。試験設計においてこのような系統の一まとまりが植栽されている区画を反復またはは繰り返しといいます。さきほどの例では6反復に20系統が植栽されていると見なせます。

20系統を1反復だけに植栽した場合、ある系統が優れた成長を示したとしても、それは植栽した場所の環境条件が良かった偶然の結果である可能性が考えられます。

しかし、6反復に繰り返して植栽して、そのいずれにおいても平均以上の成長を示した場合、それは偶然ではなく遺伝的に優れている可能性が高まります。ある系統の成長が優れているかどうかを測定結果のデータに基づいて判断する場合、統計的な手法を用いた解析を行って客観的に判断します。環境の影響による偏りをうまく取り除くためには、複数の反復を設けることが重要ですが、さらに各反復内における各系統の配置をランダムにすることも環境の影響による偏りをうまく取り除くために重要です。

検定林においては、林齢が20年生になるまで通常5年ごとに測定を行います。複数の検定林において調査して得られた測定結果に基づいて各系統の樹高等の形質について評価を行います。このような長年にわたる調査結果を踏まえて、上位にランクづけされた系統を「選抜」します。そして、このように選抜された系統を交配親として次の世代の個体を作出するために「交配」を行います。このような検定、選抜、交配という流れが一つのセットとなり、世代が一つ次に進むことになります。検定、選抜、交配を繰り返しながら、育種は次の世代へと進んでいきます。

④集団選抜育種

育種を次の世代に進めるために、検定、選抜、交配の循環を繰り返して実施しますが、これらの作業には多くの労力・コストを要します。このため、労力・コストのことだけを考えれば、検定、選抜、交配はなるべく小規模に行い、形質が優れた少数個体のみを選抜すれば良いように思われますが、実際の育種事業はそのようにはなっていません。それは本書の冒頭でも述べましたように、林木育種の対象樹種である針葉樹等は基本的に他殖性で、近親交配を行った場合、「近交弱勢（きんこうじゃくせい）」を示すことが多いためです。このため、育種のために選抜の対象となる個体のグループ（育種集団）内で血縁が高まらないように工夫する必要があります。具体的には、林木では特段に優れた少数系統のみを選抜するのではなく、育種集団の中から多数の優れた系統をグループ（集団）として選抜する手法を用いています。このような育種の進め方を「集団選抜育種」といいます。集団選抜育種では、単に多数の優良系統を選ぶだけでなく、その選び方にも配慮しています。次世代を選抜するために交配を行って新たな育種集団を作出した場合、育種集団内の個体間には一定程度の血縁が生じます。片親が同じ苗木同士は半兄弟、種子親と花粉親の両方が同じ苗木同士は全兄弟となります。半兄弟同士の個体のグループや全兄弟同士の個体のグループを「家系」といいます。育種集団の中で個体の特性値のみに基づいて選抜（個体選抜）を行うと、特定の家系に選抜個体が偏ってしまうことがしばしばあります。これは遺伝的に優れた親からは優れた子が生まれる確率が高まるためです。

わかりやすい例を図Ⅱ・3・2に示しました。ここでは交配親が20個体あり、2個体ずつをペアにして交配を行い、それぞれが全兄弟で構成される10家系を作出したとします。それらの中から特性が優れた20個体を選抜したところ、それらはすべて特定の2家系に属する個体（図中の黒丸）でした（図a）。この場合、選抜したのは20個体ですが、4個体の交配による2家系に由来していますので、交配親に用いた残りの16個体が有していた遺伝的多様性は次世代の育種集団には全く引き継がれず失われ、選ばれた20個体は兄弟ばかりとなってしまいます。その結果、前述した「近交弱勢」の危険性が高まることになります。実際の林木育種の現場では、このようなことにならないように、家系選抜と個体選抜を組み合わせて、まず家系選抜を行い、一定の家系数が次世代に貢献しうるようにします。図bでは上位から7家系を選んでいます。そして、それぞれの家系内で上位個体を選抜します。ここでは、上位の家系からより多くの個体を、下位の家系からは少数個体を選抜するようにしています。このようにすることで、より多くの個体が次世代に貢献しうる（より多くの遺伝的多様性が保持される）ようにしています。

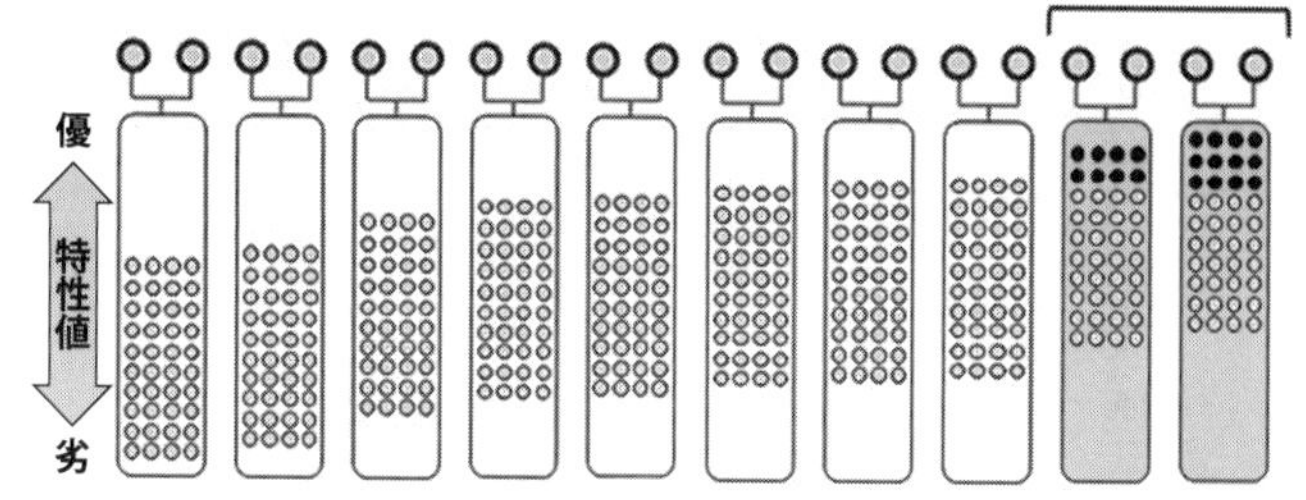

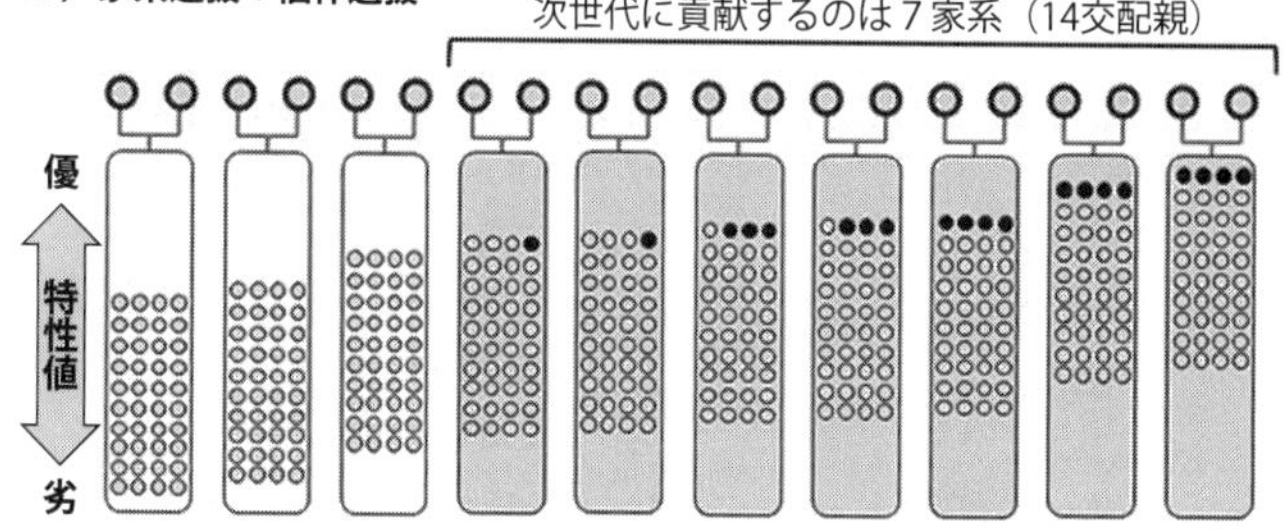

図Ⅱ･3･2　異なる２つの選抜方法の例

各図の上部の 20 の◎は交配親を、その下の四角の囲みは家系を、囲みの中の小さな丸は得られた子の個体を、黒丸は選抜された個体を意味している。b の図では、家系平均が優れた上位から７家系を選び、各家系の中から上位個体を選抜している。

⑤量的形質と質的形質

育種の対象形質は大きく、樹高や胸高直径などのように連続的な値をとる量的形質と花粉を形成する（雄性可稔）、花粉を形成しない（雄性不稔）といった質的に違いが明らかな質的形質があります。質的形質は1遺伝子あるいは少数の遺伝子により、その形質が支配されていることがほとんどです。また、質的形質では、環境の影響を受けない場合がしばしば見られます。

一方、量的形質は多数の遺伝子が関与している場合が多く、そのような場合、個々の遺伝子の形質への寄与の仕方も一様ではないと考えられ、環境の影響も受けていることがほとんどです。林木において、雄性不稔（無花粉）のように無花粉遺伝子の保有の有無のみによって形質が決まる質的形質の例は稀で、ほとんどの形質は量的形質であると考えられています。

⑥遺伝率

量的形質では表現型にばらつき（分散）が見られ、それには遺伝的なばらつき（遺伝分散：σ^2_G）と環境によるばらつき（環境分散、環境誤差）が混ざっています。育種を進める上では、育種の対象形質が、どの程度遺伝的な要因の影響を受けているのかを知っておくことは重要です。そのための尺度に「遺伝率」があります。遺伝率は、表現型のばらつき（表現型分散：σ^2_P）に占める遺伝分散の割合で表します。前項「③検定・選抜・交配」で、検定林を造成する際には反復を設けることを説明しましたが、このような試験地設計をすること等により、表現型のばらつきに対する環境誤差と遺伝分散の大きさを推定することが可能になります。

遺伝率の算出の際の分子に用いる「遺伝分散」にどのような値を用いるかによって遺伝率にはいくつかの種類があります。ここでは、狭義の遺伝率と広義の遺伝率を紹介しますが、そのためにはまず遺伝分散の種類について簡単に説明します。

親から子への遺伝を考える時に最もイメージしやすいのは、良い特性を有した親同士を掛け合わせた子はより良い特性を示し、特性が悪い親同士を掛け合わせた子はより悪い特性を示すようになるという遺伝の仕方です。このように交配する親の特性が足し算のような形で子に伝わる遺伝の仕方を「相加的遺伝」といい、遺伝による値のばらつきのうち、前述の考え方に沿った遺伝をしているばらつきを「相加的遺伝分散」（additive genetic variance：σ_A^2）といいます。親から子に遺伝はしているのですが、相加的遺伝ではない、より複雑な仕方で遺伝しているものもあり、そのような遺伝は相加的遺伝ではないので、「非相加的遺伝」といい、そのような遺伝によるばらつきを「非相加的遺伝分散」（non-additive genetic variance：σ_{NA}^2）といいます。

このように遺伝分散を整理した場合、遺伝分散は、相加的遺伝分散と非相加的遺伝分散の和となります（$\sigma_G^2=\sigma_A^2+\sigma_{NA}^2$）。分子が$\sigma^2_G$の場合の遺伝率（$\sigma_G^2/\sigma_P^2$）を広義の遺伝率（$H^2$）といいます。これは遺伝の仕方はどうあれ、親から子へ遺伝しているばらつきということになります。これに対して、分子がσ^2_Aの場合の遺伝率（σ_A^2/σ_P^2）を狭義の遺伝率（h^2）といいます。これは子の値のばらつきのうち、交配する親の特性が足し算のように、相加的に遺伝する割合を表しています。

林木では、山行苗木を生産する場合、採種園において優れた系統同士で交配させて種子を生産するわけですが、このような場合に狭義の遺伝率は親の特性が子にどの程度伝わりやすいかの目安となります。苗木をさし木で殖やす場合には、広義の遺伝率が目安となります。遺伝分散を具体的にどのように推定するのかについてより詳しく知りたい方は、統計遺伝学等の教科書を参照してください。

遺伝率は、その推定に用いる集団の個体数や遺伝的構成、樹齢、生育環境の均一性によっても変動するため、1事例により判断するのではなく、多くの事例から判断することが肝要と考えられます。これまで多数の個体を用いて得られている研究結果を参照してみると、雄花着花性は遺伝率が相対的に高く、成長形質は遺伝率が相対的に低く（スギではh^2は0・2～0・4の場合が多い）、材質形質はその中間的な遺伝率と考えられています（Takahashi et al 2023）。

⑦育種集団と生産集団、ふたたび

本書の冒頭「Ⅰ章　林木育種とは　3」で、強い選抜と弱い選抜について述べました（図Ⅰ・3・2）。遺伝的多様性と改良効果の間にはトレードオフの関係があり、中長期的に見て大きな改良効果を得るためには遺伝的多様性を維持することが大切ですが、短期的に大きな改良効果を得ようとすれば強い選抜をかける必要があります。集団選抜育種は、多様性を著しく損なうことなく改良を進めようとするための方法と見ることができます。

その一方で、造林用種苗として植栽に用いる種苗の性能を高めるために、育種集団と生産集団という二つの集団に分けて、前者に育種を進めるという役割と、後者に事業用の優良種苗を生産するという、役割を分担させる仕組みを林木育種では採用しています（図Ⅰ・4・1）。この役割分担により、育種による改良効果の持続性と優良種苗生産の現場における改良効果の上積みの両立を図っています。生産集団とは、具体的には採種園や採穂園を指し、種苗を生産するための集団になります。どのような性格の種苗を生産するかによって、望ましい採種園の構成系統は異なってきます。また、採種園を構成する系統数も重要です。一口に生産集団といっても、具体的な構成系統と構成系統数によって、そこから生産される種苗に期待できる改良効果と遺伝的多様性は異なってくることになります。

⑧早期選抜、間接選抜

長年、林木の育種において、育種に要する期間（育種年限）が長いことが課題となってきました。「I章」で述べたように、なるべく高い「育種の波」をできる限り短い間隔で送りだすことの必要性は林木育種の関係者がよく認識してきたところです（図I・3・1）。

一方、林木の育種において、最も重要な形質は、伐期における成長や材質です。それらの形質を実測し、その測定結果に基づいて「直接選抜」するには、伐期まで時間をかけて林木を育成する必要がありました。精英樹育種事業がスタートした当初、伐期の樹齢における成長や材質と、より若齢時の形質との相関（幼老相関）については明らかになっていませんでした。しかし、第1世代精英樹の検定林調査データ等が蓄積したことにより、成長形質には幼老相関があり、その相関関係を利用することで10～20年生次の成長に基づいて「早期選抜」、「間接選抜」することが可能であることが明らかになってきました。材質形質についてもデータの蓄積に伴い、「間接選抜」が可能なことが明らかになってきました。例えば、スギにおいて重要な材質形質にヤング率がありますが、立木状態の個体を対象に応力波伝播速度を測定することで、ヤング率を推定することが可能であることが明らかにされていて、これによりスギの材質調査が飛躍的に効率的になりました。現在、応力波伝播速度や材密度を推定・評価するための調査器具が販売されています。

⑨後方選抜と前方選抜

前項では、育種年限の短縮ための早期選抜、間接選抜について述べましたが、育種年限短縮のための統計的な手法についても説明します。

まず、選抜の方法には「後方選抜」と「前方選抜」という大きく二つの方法があることを述べます。後方選抜は、育種対象となる個体から次世代の苗木、あるいはクローン苗木を育成して、それらの苗木で検定林を造成して、成長等を調査し、その苗木の成長の結果に基づいて、その苗木の親の系統の親としての遺伝的な性能を評価しようとする方法です。この方法では、種子親として優良と考えられる個体から苗木を実際に育成して調査するので、実証的な方法ですが、評価には長い年月を必要とします。評価したい系統の次代の苗木、すなわち後代の苗木を調査することにより検定するので、後方選抜のための検定は後代検定や次代検定ともいわれます。第1世代精英樹の評価の枠組みと実際の評価は、この考え方で進められました。

一方、前方選抜は、家系情報（血縁情報）を用いて、育種対象となる個体とその親や兄弟の特性を同時に評価して、育種対象となる個体の遺伝的特性を評価して選抜する方法です。後方選抜とは異なり、遺伝率等の遺伝統計学的な手法を用いた推定を伴っているため、後方選抜が実証的であるのに対して、前方選抜は予測的な側面を有しています（図Ⅱ・3・3）。

前方選抜は、次世代を育成するための労力や年月を要さないため、早期に選抜を行うことができます。このような方法は統計学やコンピューターの演算速度の進歩と共に普及し、作物や家畜の品種改良で広く用いられている手法です。林木の育種においても、林木育種先進国であるスウェーデン、アメリカ、ニュージーランド等で用いられています。日本においても、エリートツリーの開発には、このような手法が用いられています。過去60年にわたる検定林調査データの蓄積も前方選抜の適用に大きく貢献しています。検定林調査データという、ある意味でビッグデータがあることで、第1世代精英樹同士の交配により第2世代を選抜しようとする時に、親や兄弟のデータを提供することを可能にしています。

⑩DNA分析

DNA分析は、林木育種の事業・研究の高度化を図るための手法として多様な可能性を有しています。その主要な役割として、系統管理とDNAマーカーの開発を挙げることができます。

従来の林木育種では、系統管理は苗木等のラベル管理により行われてきましたが、各種作業

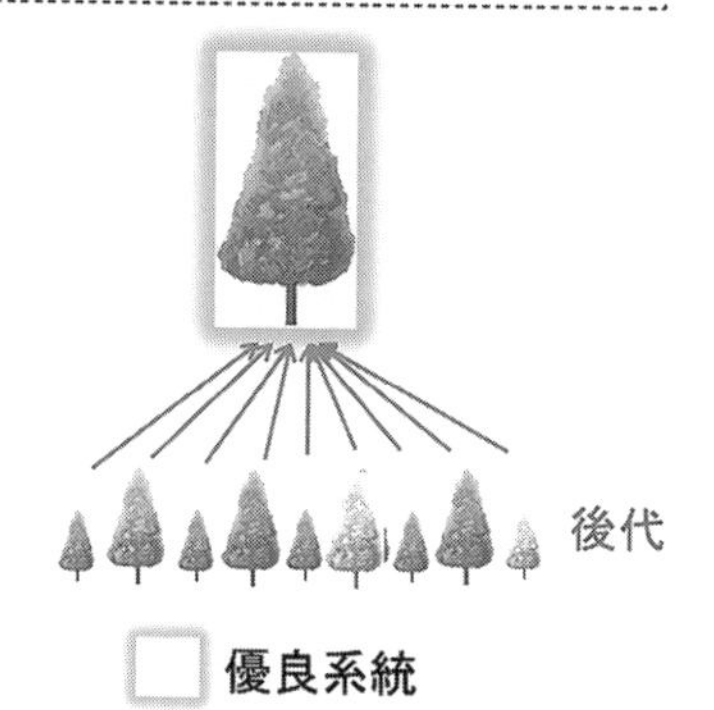

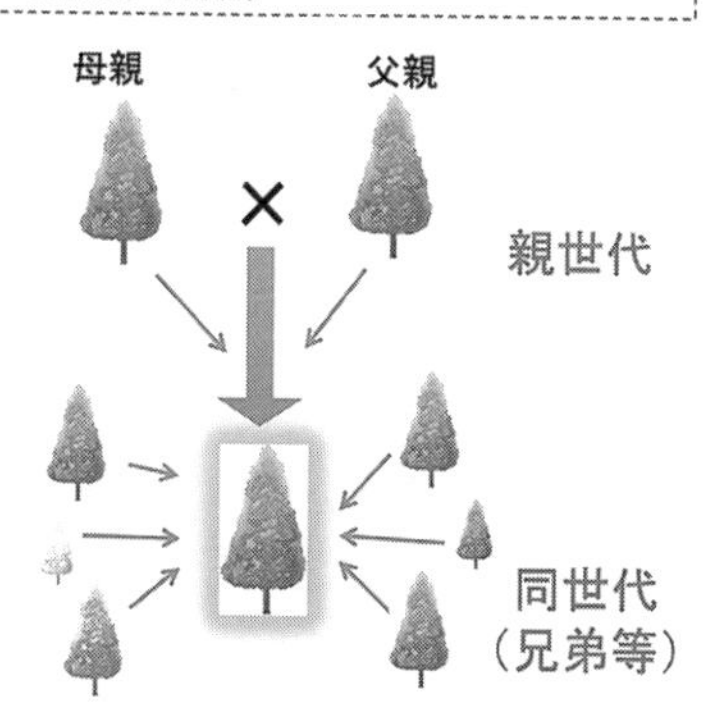

図Ⅱ･3･3　後方選抜と前方選抜による品種開発の概念図

の際に一定の頻度で生じる、苗木等の取り違えや、読み間違い、転記ミス等のヒューマンエラーが生じていました。これらのミスのやっかいな点は、DNA分析による確認方法が確立するまで、その存在に気づくことができず、また、その性質上、ミスは蓄積する一方で、自然に是正されることを期待できないことでした。しかし、現在ではDNAマーカーを用いて系統（クローン）の違いを的確に把握することが可能になりました。現在、林木育種センターが生産・配布している特定母樹や優良品種の原種苗木はDNA分析を行って、系統に誤りがないことを確認して配布が行われています。

DNA分析のもう一つの役割として、有用形質と連鎖したDNAマーカーの開発を挙げることができます。その例として、無花粉遺伝子保有の有無を明らかにできるDNAマーカーがあります。このDNAマーカーは林木育種センターと九州大学が2016（平成28）年に開発したもので、無花粉スギ「爽春」が保有している無花粉（雄性不稔）遺伝子を保有しているかどうかを高い精度で判定できます。これは、スギのゲノム中で無花粉遺伝子とDNAマーカーで明らかになるDNAの変異が極めて近傍に位置しているため、DNA分析で得られる結果と無花粉遺伝子を保有しているかどうかという二つの事柄の相関性が極めて高いためです。このDNAマーカーを使用することで、それまでは人工交配によらなければ明らかにできなかった無花粉スギや無花粉遺伝子を持つヘテロ個体（Aa）の判定を、交配・育苗を要さずに行うことが可能となり、無花粉スギの品種開発や優良系統の検定に要する期間を大幅に短縮することができるようになりました。このように、ＤＮＡ分析を有効に利用することによっても、育種年限を短縮することが可能となっています。ＤＮＡマーカーの開発やＤＮＡ分析を利用した高度な育種技術については、本書の後段でより詳しく述べます。

(2) 優良品種

林木育種センターでは、林業の成長産業化や国土・環境保全に資する優良種苗生産のため、林野庁、都道府県等と連携しながら、優れた性質を有する系統を優良品種として開発しています。都道府県が造成・管理する採種穂園にそれら優良品種が導入され、そこから種苗が生産されることにより、林木育種の成果は我が国における森林整備に貢献しています。優良品種には、いくつか種類があります。それぞれの優良品種には、その優良品種を開発するための品種開発要領と評価基準が設けられており、林木育種センターが設置する優良品種・技術評価委員会において、優良品種の開発実施要領に沿って調査・検定が行われているか、定められた基準を満たす特性を有しているかが審査された上で優良品種として認定されています。優良品種には、成長や材質に優れた品種のほか、マツノザイセンチュウ抵抗性品種や花粉症対策品種など、国民や地域のニーズに対応した13種類の品種がこれまで開発されています。ここでは、主要な優良品種について説明します。

①花粉症対策品種

スギ・ヒノキ花粉症は、国民の約4割が罹患しているといわれており、社会的な問題となっています。林野庁はスギ花粉発生源対策推進方針を定め、花粉発生源対策を強力に推進しています。林木育種センターは、その方針を踏まえて花粉症対策品種の品種開発実施要領と品種評価基準を定め、花粉症対策品種を開発しています。

花粉症対策品種の開発は、１９９６（平成８）年度に関東育種基本区で少花粉スギ品種を開発したのが始まりです。その後、２００１〜２００５（平成13〜17）年度に、関東育種基本区以外の基本区での少花粉スギ品種の開発が開始されました。無花粉スギ品種についても関東育種基本区で初めて開発されました。２００６〜２０１０（平成18〜22）年度には、関西育種基本区で無花粉スギ品種が開発され、少花粉ヒノキ品種も全国的に開発されました。

②少花粉品種

少花粉スギ品種の開発を行うためには、雄花が自然に着生し始める15年次以上の複数箇所の検定林等で、複数個体の雄花着花性を調査する必要があります。例えば、2箇所の検定林で評価する場合、2箇所×3ブロック×5個体、計30個体の雄花の自然着花の調査データが最低限必要となります。さらに原則5年間以上の調査が必要となっているため、最低でも、延べ150個体・年の調査データが必要です。少花粉スギ品種の品種評価基準は、雄花着花性の指数による評価値（この指数による調査方法等については、林野庁が策定した「スギ花粉発生源対策推進方針」別記1に記されています）が1.1以下となっていることを基準としています。これは10個体のうち1個体においてわずかに雄花が着生している程度の厳しい基準です。また、林業用種苗として利用されることを想定しているので、利用地域として想定される種苗配布区域内に設定された検定林等の解析結果において、同一世代の精英樹と同等以上の林業的特性（成長、材質、増殖特性等）をもつことも求められます。

2023（令和5）年3月にスギ花粉発生源対策推進方針が改正され、少花粉スギ品種を開発する方法に新たにジベレリン処理による開発方法が追加されました。この方法は、原則として3成長期以上経過した樹高が2m以上あるいは胸高直径が3㎝以上の2個体以上について、

1箇所で1年間の調査を1回とし原則合計5回以上、ジベレリン処理した時の雄花着花性が、これまでに開発された少花粉スギ品種と同等程度以下の場合は、少花粉スギ品種として認められることになりました。例えば、3箇所において植栽3年目と4年目のさし木苗に対してジベレリン処理を行い、対照となる少花粉スギ品種と比べて同等以下の雄花着花性であれば、これらの調査結果から、少花粉スギ品種として開発することができます。従来の自然着花による方法よりも品種開発に要する期間が大幅に短いため、スギの特定母樹の中から少花粉品種を早期に開発できると期待できます。

少花粉ヒノキ品種では、ジベレリン処理による着花評価と自然着花による評価の両方が必要です。調査個体は何年生以上でなければならないという基準はありませんが、原則として、自然に雄花が着生する樹齢や樹体サイズに達した複数の採種園等において調査することとされています。ヒノキにおいても、スギと同様に雄花着花性に年変動があるため、原則5年以上の調査を行う必要があり、自然着花調査については、平年では雄花を着けないか、またはわずかに着くものを品種の条件に課しています。ジベレリン処理による着花調査については、採種園や育種素材保存園等の複数箇所において、それぞれ3個体以上に対して、枝単位でジベレリン処理を行い、雄花の着花性の総合評価値が2・2以下となっていることを品種の評価基準としています。スギと同様に、林業用種苗としての利用を想定しているため、複数箇所に設定した検定林等での成長性や通直性の解析結果から、同一世代の精英樹と同等以上の特性を有するものが品種として認定されます。

③無花粉品種（スギ・ヒノキ）

これまで見つかっている無花粉（雄性不稔）スギは自然の中から見つかった突然変異体で、花粉を形成する遺伝子に何らかの異常があるものです。正常のスギと同様に雄花を着けますが、雄花の成熟過程で花粉が正常に発達せず、花粉が生産されません。優良品種の開発のためには、雄性不稔性を確認する必要がありますが、候補となる個体について、複数のクローン苗を作り、これらの苗木それぞれについて複数年にわたって雄性不稔であることを顕微鏡等で確認します。これは候補木1本だけの情報に基づいて判断することによる誤認を防ぐためです。この無花粉品種も林業用種苗として利用されるためには、成長や通直性等の特性も一定基準以上である必要があります。成長に関しては、一般の林業用種苗と同程度以上の成長特性が求められます。さし木苗で普及する場合には、苗木生産業者が事業的に生産可能な発根特性をもつ必要があります。一方、実生苗で普及する際には、無花粉スギ品種を母樹として利用するため、事業的に生産する上で支障のない程度の種子生産性が求められます。

無花粉スギの品種開発は、各都県と林木育種センターが共同で協力して進めています。各都県はその地域に適した品種の開発を進め、林木育種センターは品種開発のほか、各都県と共同で開発された品種を評価し、原種の配布等を行っています。

1992（平成4）年に花粉症の原因となる花粉を全く作らないスギが初めて発見されて以降、これは単一の遺伝子によって支配されていて、潜性（劣性）の遺伝様式をもつことが明らかにされ、前述したように2016（平成28）年には無花粉遺伝子の保有の有無を高い精度で判定できるDNAマーカーが開発されました。このDNAマーカーを用いて、全国のスギ育種素材を対象として無花粉スギ遺伝子を保有している系統の探索を進めた結果、全国のスギ精英樹の中から無花粉遺伝子をヘテロで有するものが明らかにされています。このような無花粉遺伝子をヘテロで有する個体を花粉親、無花粉個体を母親とする交配を行うことによって、メンデルの遺伝の法則に従い交配苗木の中から2分の1の確率で無花粉苗木が出現すると期待されます。これらの交配苗木について、ジベレリン処理を行い雄花の花粉の有無を1本1本確認し、花粉が生産されない苗木を無花粉スギとして出荷しています。富山県や神奈川県ではすでに事業的に無花粉スギを生産しており、詳しい説明はこの後に紹介します。

スギと並んでヒノキの花粉症は課題となっており、ヒノキにおいても無花粉個体探索の努力が行われてきましたが、長い間無花粉のヒノキは見つかりませんでした。しかし、神奈川県では、県内のヒノキ林を対象に、数千の個体の花粉の有無について調べ続けた結果、全国で初めて無花粉ヒノキを発見し、「丹沢 森のミライ」として生産・普及を行っています。詳しい説明はこの後に紹介します。

(ア)無花粉スギ

富山県は1992（平成4）年に花粉症対策にとって究極ともいえる性質を持った無花粉スギを全国に先駆けて発見しました。このスギは外見上、通常のものと相違なく雄花も着けますが、花粉の飛散が確認できませんでした（図Ⅱ・3・4）。そこで、雄花の内部を調査したところ、花粉のもととなる花粉母細胞は形成され四分子期と呼ばれるステージまでは順調に生育していくものの、その後、発育が停止して、最終的にはすべての花粉粒が崩壊することが明らかになりました。

無花粉の突然変異体は140種を超える植物で発見されており、その多くは一対の潜性（劣性）遺伝子によって支配され、メンデル遺伝することが報告されています。無花粉になる遺

図Ⅱ･3･4　開花期における無花粉スギ（左）と通常のスギ（右）の雄花の比較

伝子（無花粉遺伝子）を「a」、花粉を着ける遺伝子（有花粉遺伝子）を「A」とすると、「*aa*」を保有する個体は無花粉となり、「*AA*」もしくは「*Aa*」を保有する個体は有花粉になります（図Ⅱ･3･5参照）。この無花粉スギも同様の遺伝様式なのではと考えられたことから、検定交配と呼ばれる方法を用いて複数の交配家系を育成し、第2世代まで作出した結果、スギの無花粉なる性質も一対の劣性遺伝子によって支配され、メンデルの遺伝の法則に基づくことがわかりました。

遺伝的に優良な無花粉スギ品種の開発に向けて、全国から330の精英樹と呼ばれる優良品種の花粉を集めて無花粉スギと交

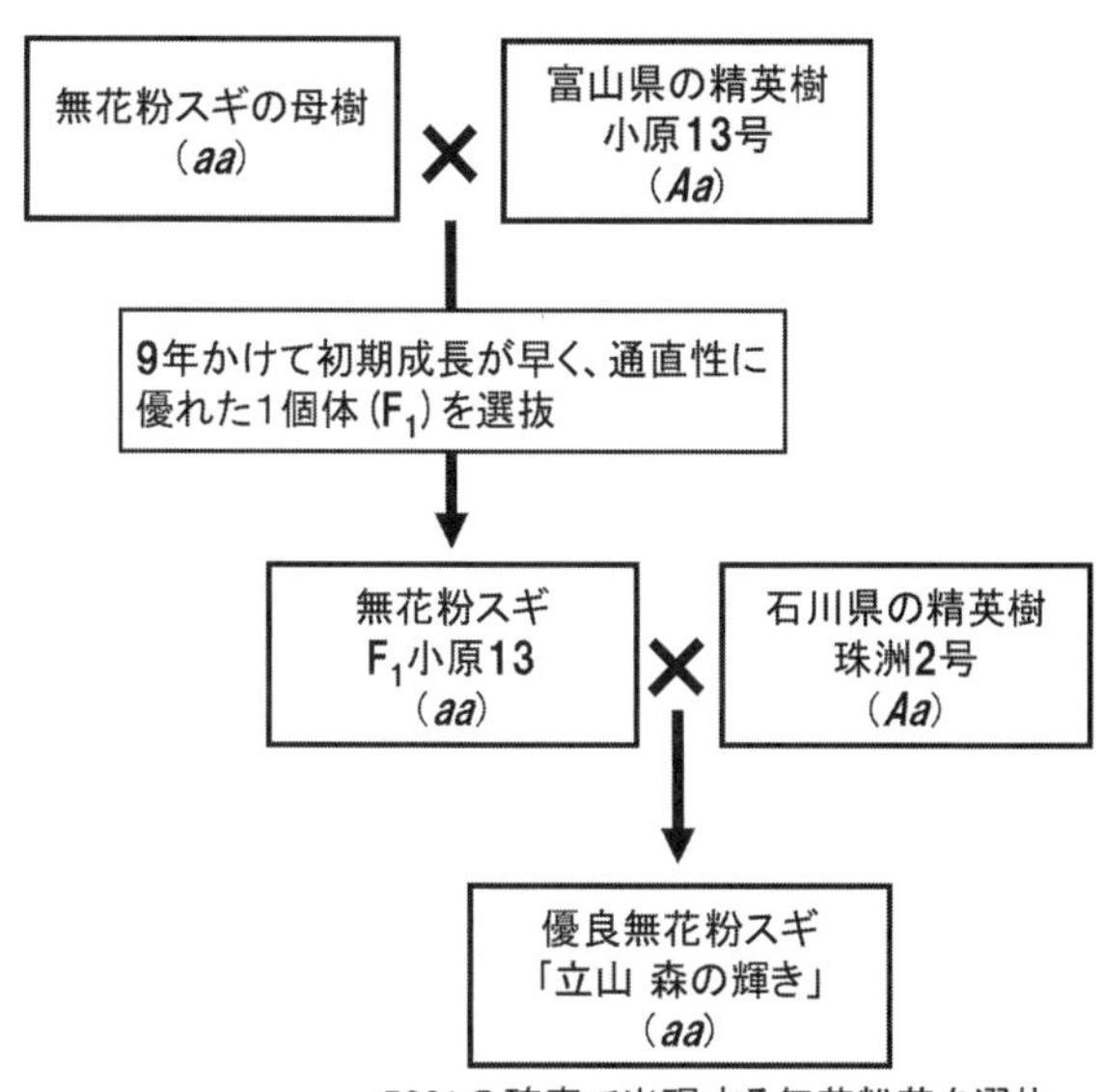

図Ⅱ･3･5　「立山 森の輝き」の交配家系図

配試験を行った結果、富山県の精英樹「小原13号」と石川県の精英樹「珠洲2号」が無花粉遺伝子をヘテロ型（*Aa*）で保有していることがわかりました。そこで、無花粉スギの母樹（*aa*）と「小原13号」（*Aa*）を交配し、この集団の中から9年かけて無花粉の性質を持ち、さらに初期成長と通直性に優れた1個体（F_1小原13）を選抜しました。このF_1個体に石川県の精英樹「珠洲2号（*Aa*）」を交配して得られた無花粉スギの実生集団が「立山 森の輝き」です（図Ⅱ･3･5）。

この品種は2種類の精英樹を交配親として活用していることから、遺伝的に優良であることが期待されます。この品種の生育特性を把握するため、従来の富山県の実生品種であるタテヤマスギと一緒に植栽した検定林を造成し、比較調査をしていますが、成長・材質共に「立山森の輝き」の方がタテヤマスギより上回るという結果が出ています。

(イ)無花粉ヒノキ

無花粉となる雄性不稔品種は、植物全般に知られていますが、無花粉ヒノキは無花粉スギ発見以降20年にわたって発見されず、神奈川県でも2000（平成12）年から二度にわたり延べ約6000本の精英樹実生苗を調査しましたが見つかりませんでした。ヒノキは、スギよりも雄花が小さく、飛散直前に花粉ができること、苗木では未熟な雄花が形成されることが原因でした。スギでは、林分での調査で2000分の1～5400分の1の割合で雄性不稔個体が選抜されています。そこでヒノキ林で花粉飛散期に2年間で延べ4074本のヒノキをたたいて調査した結果、2012（平成24）年4月に丹沢の山中で花粉が飛散しないヒノキを1本発見しました。

発見したヒノキ個体は、約40年生、樹高10mを超える個体で外見的に変異はありません。雄花

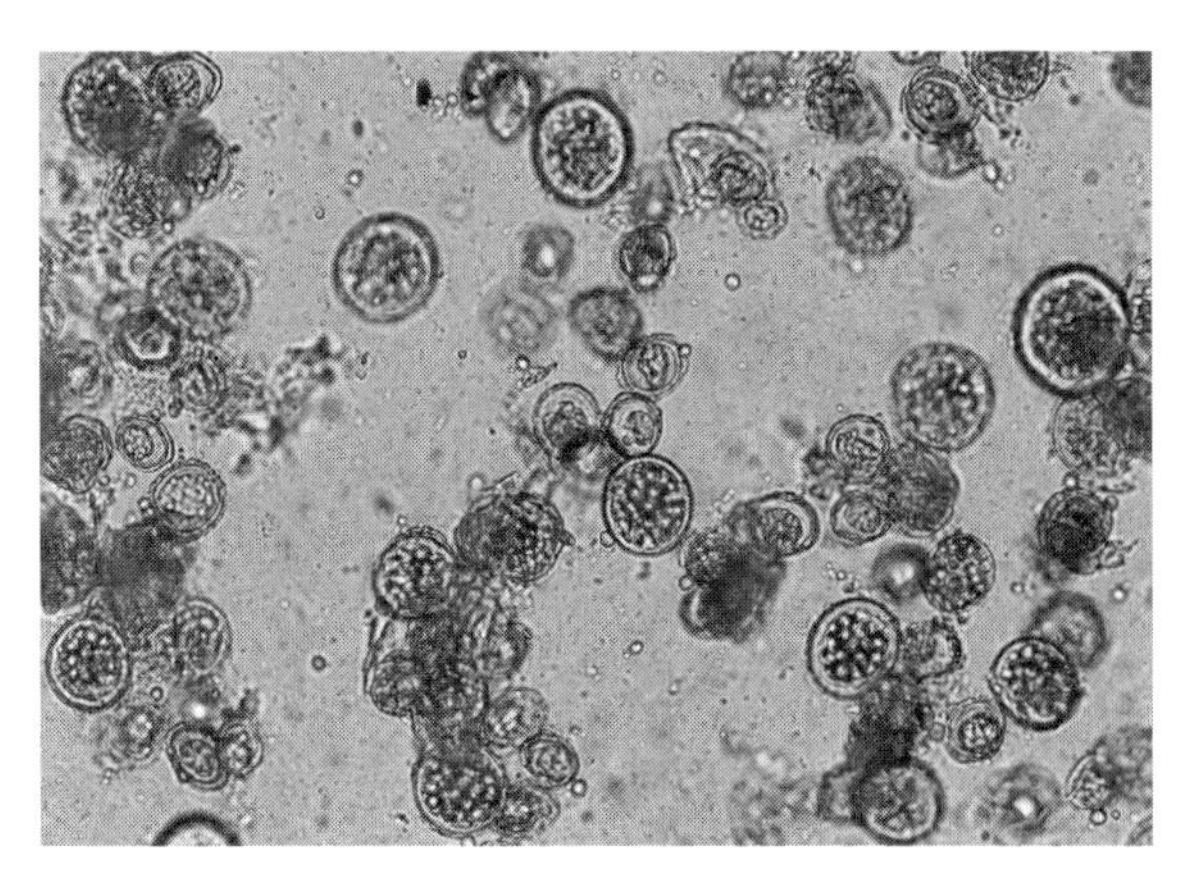

図Ⅱ・3・6　「丹沢 森のミライ」花粉嚢内の大小の粒子（200倍）

減数分裂の異常で大小の粒子になり花粉が形成されない。

を顕微鏡で観察すると、正常な花粉がなく大小の粒子が観察されました（図Ⅱ・3・6）。２年間にわたり雄花は開花しますが花粉嚢が開かず花粉を飛散しないことを確認し、無花粉ヒノキとして選抜しました。無花粉となる原因を調べると、花粉母細胞から減数分裂の際に均等に分裂せず大小の細胞となり花粉を形成できないためでした。減数分裂は雌性でも異常が起きるため、種子もできない両性不稔品種であることがわかりました。

そのため、無花粉ヒノキであっても種子ができないことから育苗方法の開発と材質の調査が必要でした。まず、効率的な育苗手法についで検討し、コンテナ容器へ直接さし木する技術を検討し、用土にココピートオールドと鹿沼土または赤玉土を半分ずつ入れると発根率が88％、２年で植栽可能な大きさになりました。材質は発見した個体で材の強度、密度の試験を行い、周辺木と比較し遜色ありませんでした。さらに形態の違いを調査し、品種登録（神奈川無花粉ヒ1号、２０２２年登録）を行いました。併せてさし穂の生産のため、所内に「無花粉ヒノキ採穂園」を造成し、苗木生産者にさし穂を配布し、苗木生産を開始しました。横浜市内の生産者で2年間育苗し、２０２１（令和３）年春に「丹沢 森のミライ」と命名され、１５２本が初出荷されました。現在は更なる無花粉ヒノキの探索として、種子生産可能な雄性不稔となる無花粉ヒノキの選抜を進めています。

④マツノザイセンチュウ抵抗性育種

マツ材線虫病被害（松くい虫）は、体長約1㎜の「マツノザイセンチュウ（線虫）」がマツノマダラカミキリに運ばれてマツ類の樹体内に侵入することにより、マツ類を枯死させる現象です。マツノザイセンチュウ抵抗性育種は１９７３（昭和48）年に始まる農林水産技術会議の特別研究「マツ類材線虫の防除に関する研究」の中でマツの遺伝的な改良の可能性が検討されたことに始まり、１９７８（昭和53）年から西南日本を中心に「マツノザイセンチュウ抵抗性育種事業」が開始され、１９８４（昭和59）年までにアカマツとクロマツで抵抗性品種が開発されました。1992（平成4）年からは日本海側等の地域において「東北地方等マツノザイセンチュウ抵抗性育種事業」が実施され、その後も各地域で品種開発が進められています。松くい虫による被害材積は、1979（昭和54）年度に約243万㎥とピークに達したあと減少傾向にあり、2021（令和3）年度には約26万㎥とピーク時の9分の1程度の水準となっています。しかし、地域によっては、新たな被害の発生が見られるほか、被害が軽微になった地域においても気象要因等によっては再び激しい被害を受ける恐れがあることから、引き続き被害状況に即応した的確な対策を推進していく必要があります。

現在、マツノザイセンチュウ抵抗性品種の普及が進められていますが、より強い抵抗性品種の開発が求められているため、林木育種センターでは都府県と協力しながら抵抗性品種同士の交配家系、いわゆる第2世代の中からより強い抵抗性品種の開発を進めています。また、接種検定に用いる比較のための対照系統に従来よりも強い系統を使用し、また従来の線虫よりも病原性の強い複数種類の線虫を接種することにより、さらに強い抵抗性を持つ品種が開発されています。

品種開発には品種開発要領に沿って以下の三つの方法があります（図Ⅱ·3·7）。a．マツノザイセンチュウ被害林分の残存個体からの選抜による品種開発、b．マツノザイセンチュウ被

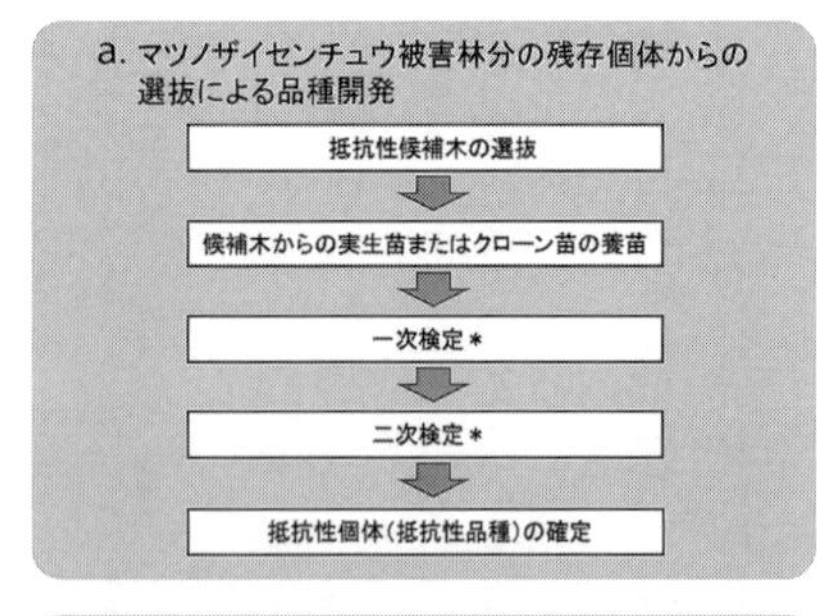

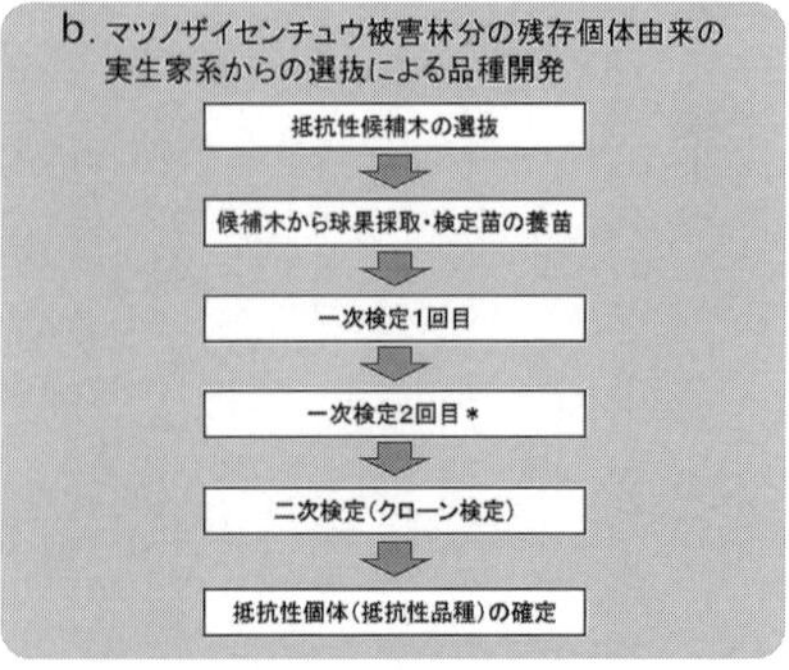

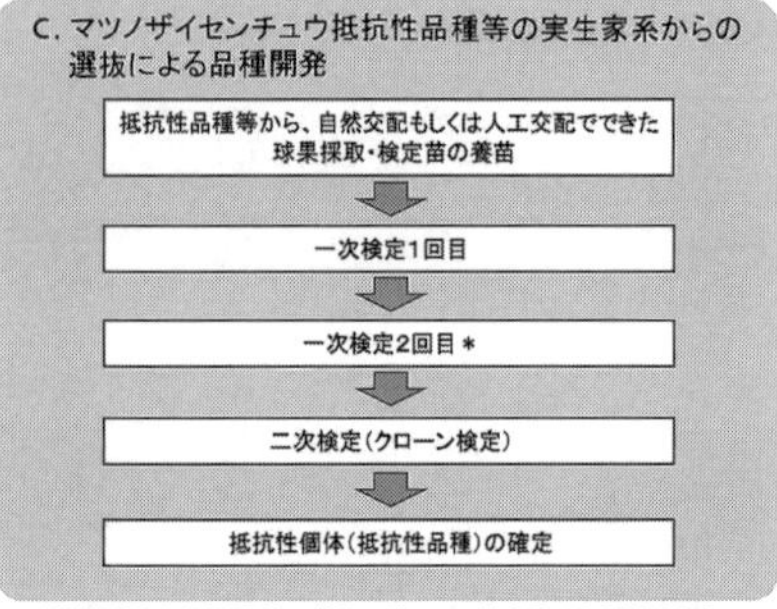

＊は候補系統と対照系統の植栽に際し、反復を設けた試験を行う。

図Ⅱ·3·7　マツノザイセンチュウ抵抗性品種の開発方法

害林分の残存個体由来の実生家系からの選抜による品種開発、c．マツノザイセンチュウ抵抗性品種等の実生家系からの選抜による品種開発です。aの方法が、被害林分で生育していた個体自体を品種とするものに対して、bの方法は、被害林分で生育していた個体の実生苗の中から品種を開発するものであり、実生苗から品種を選抜するため、一次検定を2回実施し、抵抗性評価の精度を高めています。cのマツノザイセンチュウ抵抗性品種等の実生家系からの選抜による品種開発は、抵抗性品種等から人工交配もしくは自然交配でできた実生苗の中から品種を開発する方法です。主に第2世代以降の抵抗性品種の開発に用いられる方法で、一次検定及び二次検定の方法は、bの方法と同じです。九州育種基本区では、他地域に先駆けて第2世代抵抗性クロマツ品種を開発してきました。第2世代と第1世代の品種の抵抗性レベルの比較を行ったところ、第2世代の品種は従来の第1世代抵抗性品種より抵抗性のレベルが高いことが示されており、今後、第2世代品種による抵抗性採種園から生産される実生苗の抵抗性も高くなることが期待されています。

⑤初期成長に優れた第2世代品種

戦後に植栽されたスギやヒノキ、カラマツなどの人工林の多くが主伐期を迎えています。しかし、低迷する木材価格と高い育林経費のため、主伐後の再造林が進まないことが課題となっています。育林経費の中で半分近くを占めるのが下刈りの費用であり、樹種によっても異なりますが、スギの場合、下刈りは植栽後5年程度毎年実施されます。また下刈りは、雑草木が旺盛に成長する夏季に実施するため、過酷な保育作業になります。下刈りの省力化は、育林コストの低減のほか、再造林の意欲の高揚と林業の成長産業化のために重要です。下刈りの有無の判断は、スギでは梢端が雑草木に覆われないこと等が基準となるとされています。このため、いち早く周囲の雑草木の高さを抜け出す優れた初期成長性を有する品種が、育林コストの低減等に資すると考えられます。林木育種センターでは、まずは特定母樹やエリートツリーの中から、下刈りの省力化が期待できる初期成長に優れた第2世代品種の開発を進めています。

初期成長に優れた第2世代品種の対象樹種は、スギ、ヒノキ、カラマツで、植栽してから5年次または早期選抜の有効性が確認できる年次から下刈り終了時までの期間中のいずれかの時期において、樹高成長が優れたものになります。初期成長に優れた第2世代品種の開発は三つの方法があります。a．さし木検定林からの後方選抜（クローン検定）による品種開発、b．実生検定林からの後方選抜及びc．前方選抜による品種開発です。初期成長に優れた第2世代品種も、林業用種苗として利用することになりますので、初期成長とその後の成長の持続性も担保する必要があります。そのため、10年次以降の幹材積がエリートツリー等の選抜母集団内で、中庸以上の評価値であることとしているほか、幹曲がりや材の剛性の特性に欠点がないものとしています。

4．特定母樹の指定基準　―あなたもできる特定母樹申請―

「森林の間伐等の実施の促進に関する特別措置法」（間伐等特措法）（平成20年法律第32号：令和3年法律第15号による改正）では、森林による二酸化炭素吸収量の最大化を図るための措置として、特に成長に優れ、またスギとヒノキについては花粉量が一般的なものに比べて概ね半分以下のものを、農林水産大臣が「特定母樹」として指定し、その増殖の実施の促進を図ることとされています。

特定母樹の指定について、林野庁は特定母樹の指定基準を満たす樹木の申請を受け付けています。指定の対象となる樹木は、「特に優良な種苗を生産するための種穂の採取に適する樹木であって、成長に係る特性の特に優れたもの」で、林業種苗法（昭和45年法律第89号）第2条第

1項の政令で定める樹種となっています。具体的には、スギ、ヒノキ、アカマツ、クロマツ、カラマツ（グイマツ）、エゾマツ、トドマツ、リュウキュウマツです。

特定母樹の指定にあたっては、林野庁で特定母樹指定基準に基づき、申請個体が特定母樹としての基準を満たしているかの適否が判断されます。なお、申請個体の適否を判断する上で、外部専門家の意見が必要な場合にはその意見を聴いた上で判断されます。選定の結果は申請者に通知され、指定基準を満たした申請個体は、農林水産大臣が特定母樹に指定し、その内容が官報に告示されます。告示される内容は、指定番号、樹木の名称、樹種、所在場所（特定母樹指定後に原種増殖のための穂を採取する個体が植栽されている場所）、本数、所有者の氏名または名称及び住所となっています。また、特定母樹のデータ（指定番号、樹種、指定本数、所在場所、所有者、植栽に適した地域・環境、成長量や材質等に係るデータ、個体の写真）については、林野庁のHPに公表されます。

林野庁は特定母樹の申請を随時受け付けていますが、年3回、8月、11月、2月頃までに受け付けた申請個体の適否を判断しています。特定母樹の申請は、単一の機関で申請に必要な情報を収集し、申請書類を作成する場合もありますが、複数機関、例えば、都道府県と林木育種センターあるいは育種場が共同で申請準備を行った場合等には、都道府県と林木育種センターが共同で申請書を作成する場合もあります。特定母樹の申請にあたっては、特定母樹指定基準に基づいた申請書の様式があり、申請書に不備があると受理されないことから、申請前に申請書類に記載されている内容を十全に確認することが重要です。

特定母樹の申請書には、成長量、材質（剛性、幹の通直性）及び雄花着生性（スギ、ヒノキの場合）を調査して記入する必要があります。ここではその項目ごとに、申請書作成のポイントを説明します。

⑴ 成長量（全樹種）

［指定基準］

申請される個体またはクローン（以下「申請個体等」）の単木材積の平均値が、環境及び林齢が申請個体等と同様の在来の系統（対照個体）の平均値（基準材積）と比較して、概ね1・5倍以上であることを基準としています。

（ポイント）

一般造林地に植栽されている個体の申請も可能ですが、生育環境及び林齢について、申請個体と対照個体は同様の条件であることが基準として示されているため、対象系統との材積成長の比較には検定林における調査・比較がより適していると考えられます。また、生育環境が同様となるようにするという観点で、申請個体には検定林等の試験区域の林縁に位置する個体を避けることが望ましいです（林縁個体は林内の個体とは光条件等の生育環境が大きく異なることがしばしばあるため）。ただし、検定林の周囲にも同齢の林分が連続しており、実質的に林縁でない場合には、その旨を記載して申請を行うことができます。さらに林縁個体を申請する場合には、等高線方向の同じ並び（行）にある試験区域の縁に植栽されている個体を含めて対照個体を取ると良いと考えられます。

〔調査対象〕

申請個体等及び10個体以上の対照個体を調査対象としています。また、対照個体の選定においては、成長が著しく劣った被害木・被圧木を除きます。なお、調査は原則として林齢が10年生以上の林分で行います。検定林の調査結果から個体を申請する場合の対照個体の選定方法は以下によることとなっています。

①さし木検定林における対照個体の選定方法

成長が著しく劣った被害木・被圧木は除いた上で、申請クローンを除き、申請クローンが植栽されているブロックの範囲内または検定林全体の個体を対照個体とします。

②実生検定林における対照個体の選定方法

実生検定林においては、次の3種類の選定方法が用意されています。

a．成長が著しく劣った被害木・被圧木は除いた上で、申請個体と同じ家系の個体または同じ交配組合せの個体を除き、植付け位置が申請個体の斜面の上下それぞれ概ね5mの範囲内（植栽間隔が1.8mの場合は前後3行程度）の個体を対照個体とする。

b．植付け位置の行間が離れ、aの範囲で対照個体の選定が困難な場合は、申請個体と同じ家系の個体または同じ交配組合せの個体を除き、植付け位置が申請個体の斜面上下3行程度の範囲内の個体を調査対象とする。ただし、申請個体と同様の環境にある個体であると見なせるものを選定する。

c．a及びbの条件での対照個体の選定が困難な場合は、申請個体と同じ家系の個体または同じ交配組合せの個体を除き、申請個体の周辺で同様な環境にある個体を対照個体とする。

（ポイント）

実生検定林における対照個体の取り方において、同様の環境条件下で申請個体と対照個体を比較するという観点に重きが置かれています。

ａの場合には、申請個体の植付け位置の等高線を基準として斜面の上下それぞれ概ね５ｍの範囲内で10個体以上を選定します。検定林の植栽間隔が１・８ｍの場合には上下３行、植栽間隔が２・０ｍの場合は上下2行の範囲で対照個体を選定します。

一般的に林分の成長は斜面の上方より下方が良いことから、対照個体の範囲の取り方によって、対照個体の平均材積は変化します。そのため、申請個体の材積が対照個体の平均材積と比較し過大に評価されないように配慮して対照個体を選定します。

ｂの場合もほぼ同様の考え方に基づいています。

ｃは、北海道においてササの繁茂が著しく、造林の際に苗木同士の間隔を通常より広めに取り植栽することがあり、ａやｂの方法では対応できない場合を想定して設けられています。北海道に造成されたトドマツやアカエゾマツの検定林では、ａやｂの方法で対照個体を選定することが困難なことがあり、そのような場合には、申請個体の周辺で同様の環境にあると見なすことができる個体を対照個体として選定します。

また、前述のとおり、対照個体の選定にあたっては、申請個体と同じ家系または同じ交配組合せの個体を除くとされています。

調査地の位置については、等高線が描かれており、尾根、中腹、谷等の調査地の地況や林況がわかる図面を添付することになっています。また、申請個体と対照個体の植栽位置について、両者の位置関係、対照個体の取り方の範囲はそれぞれ、方位、縮尺（または距離）、斜面の上下方向、検定林内における申請個体の位置（行列番号）を示した図面を申請書に添付します。

〔調査方法〕

適切な測定器具を用いて、樹高を10㎝単位、胸高直径を1㎝単位で測定します。

〔ポイント〕

測定器具について、樹高の測定には測桿やバーテックス、胸高直径の測定には輪尺を用います。

〔調査結果のとりまとめ〕

樹高と胸高直径の値から単木材積を「立木幹材積表（東日本編・西日本編）」（林野庁計画課編、日本林業調査会）に掲載された材積式に測定数値を当てはめて計算し、申請個体等及び対照個体別に平均値を算出します。

なお、成長の優れた精英樹等を対照個体とする場合には、係数を掛けて在来の系統に相当する値を算出し基準材積とすることができます（詳細は後述）。

（ポイント）

単木材積を算出する際には、森林総合研究所が開発した「幹材積計算プログラム」を利用すると計算が容易です。本プログラムは表計算ソフト（Excel）のワークシート上で、ユーザー定義関数により、樹高と胸高直径を入力することで立木の幹材積を計算します。「立木幹材積表（東日本編・西日本編）」に収録されている83種類の材積表に対応しており、森林総合研究所のＨＰからダウンロードして利用することができます。

対照個体が成長の優れた精英樹等の場合は、係数を掛けて在来の系統に相当する値を算出し基準材積とすることができます。具体的には、これまで中請個体等が生育している地域（育種基本区）に設定・調査されている複数の検定林の調査結果等を用いて、精英樹系統と在来の系統の平均材積をそれぞれ算出し、精英樹系統の在来の系統に対する材積比率（ｒ）を求めます。対照個体とした精英樹等の平均単木材積を測定し、この材積が各地域の精英樹の平均単木材積とほぼ等しいと仮定し、この材積に１／ｒを掛けることで基準材積を算出しています。

基準材積（㎥）＝対照個体（精英樹）の平均材積／材積比率（r）

⑵ 剛性（全樹種）

〔指定基準〕

申請個体等の剛性の指標となる測定値が、環境及び林齢が申請個体等と同様の林分の個体（対照個体）の平均値と比較して、優れていることを基準としています。

〔調査対象〕

申請個体等及び10個体以上の対照個体を調査対象とします。また、対照個体は林分内で成長が平均的な個体を選抜します。なお、調査は原則として10年生以上の林分を対象とします。

〔調査方法〕

適切な測定器具を用いて申請個体等の剛性の指標となる値（立木の応力波伝播速度、丸太のヤング率等）を測定します。例えば、応力波伝播速度を測定する場合、胸高部位を含む上下の長さ1m区間の樹幹を斜面の等高線方向に2箇所を選び、それぞれ3回以上測定します。

〔ポイント〕

測定方法の区分については、スギ、ヒノキ、カラマツは応力波伝播速度、トドマツはピロディン貫入値（一定の力でピンを樹幹に打ち込み、深さを測定する機器で測定した値）を用いています。通常ピロディン貫入値は材密度の指標ですので、剛性の調査でピロディン貫入値を使用する場合は、剛性の調査方法として適切であることを示す資料を添付します。

〔調査結果のとりまとめ〕

測定した値を個体ごとに平均して、当該個体の測定値とし、申請個体等及び対照個体別に平均値を計算します。

(3) 幹の通直性（全樹種）

〔指定基準〕

申請個体等の幹の通直性は、曲がりが全くないか、もしくは曲がりがあっても採材に支障がないものであることを基準としています。

〔調査対象〕

申請個体等を調査対象とします。

〔調査方法と結果のとりまとめ〕

一番玉部分（根元に一番近いところから採材された丸太）の幹の形状がわかるように測桿を当て、二方向からの写真を撮影し、申請書に添付します。

（ポイント）

写真は、幹曲がりを評価し、採材に支障がないかを判断する重要な資料となります。撮影する際の注意すべき点として、次のことに留意して確認します。

1 写真は一番玉部の幹の形状がわかるように二方向（90度）から撮影されているか、2枚とも同様方向になっていないか。

2 幹の形状が通直であることが確認できる写真であるか。

…下層植生や枝で幹の形状がわかりにくくなっていないかを確認します。幹の曲がり具合の判別ができるように、測桿は長さ5ｍ前後のものを用い、赤白目盛付きのものを使用します。樹木の手前側中央に当てて撮影します。万が一、幹の形状がわかりにくい写真となっている場合には撮り直します。

3 地際（根元）の曲がりが判別できるように撮影されているか。

…根元が写真からはみ出して写っていないか、あるいは下層植生の繁茂で隠れていないかを確認します。万が一、地際の曲がりがわかりにくい場合には撮り直します。

4 多少の曲がりが認められる個体を申請する場合には、採材に支障がない旨を記載します。

(4) 雄花着生性（スギ・ヒノキ）

申請個体等について、一般的なスギ、ヒノキの花粉量の概ね半分以下となることを基準としています。調査については自然着花調査またはジベレリン処理による調査のいずれかで行うこととされています。

○自然着花による調査の場合

〔指定基準〕

申請個体等の総合指数がスギは2以下、ヒノキは1・7以下で、かつ申請個体等の周辺の林齢の近い一般的なスギ、ヒノキ（対照個体）の総合指数以下であることが基準とされています。

〔調査対象〕

申請個体等及び10個体以上の対照個体を調査対象とします。なお、調査時の林齢は原則として15年生以上とし、複数年調査を行います。

〔スギの調査方法〕

1 調査は10月から開花期までに行い、複数年調査を行います。
2 調査を行う個体の樹冠を上部、中部、下部に区分する（図Ⅱ·4·1·a)）。
3 樹冠のそれぞれの部位について、図Ⅱ·4·1·b)を参考に目視により雄花の着生している枝の割合を基準で5段階に区分します。
4 樹幹のそれぞれの部位について、1枝当たりの雄花の着生数を図Ⅱ·4·1·c)の基準で4段階に区分します。
5 雄花着生枝の割合と枝当たりの雄花着生数の指数を個体ごとに集計し、表Ⅱ·4·1の基準で5段階の総合指数値に区分します。

〔ヒノキの調査方法〕

1 調査は10月から開花期までに行い、複数年調査を行います。
2 調査を行う個体の陽樹冠を構成する枝の中から平均的な太さの枝3本を選び切り落とします。
3 3本の枝について、図Ⅱ·4·2を参考に1枝当たりの雄花着生の範囲と総量を目視により、

a）雄花の着生部位

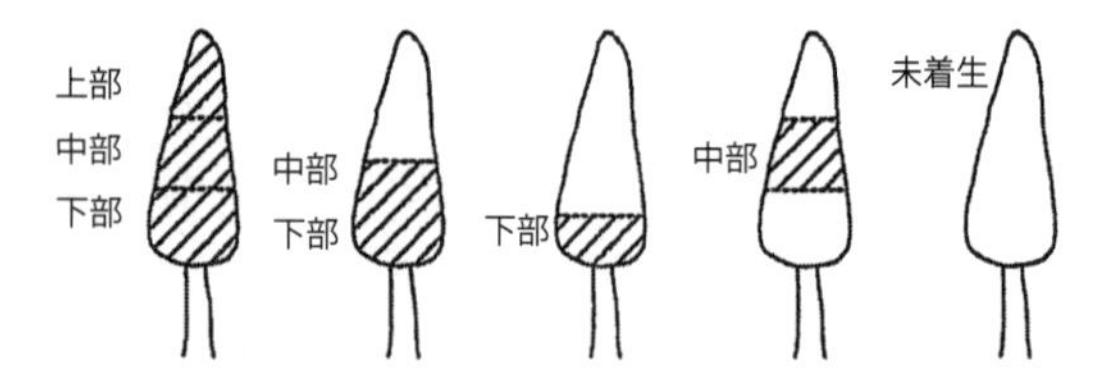

b）雄花の着生している枝（2次枝、3次枝）の評価に用いる指数

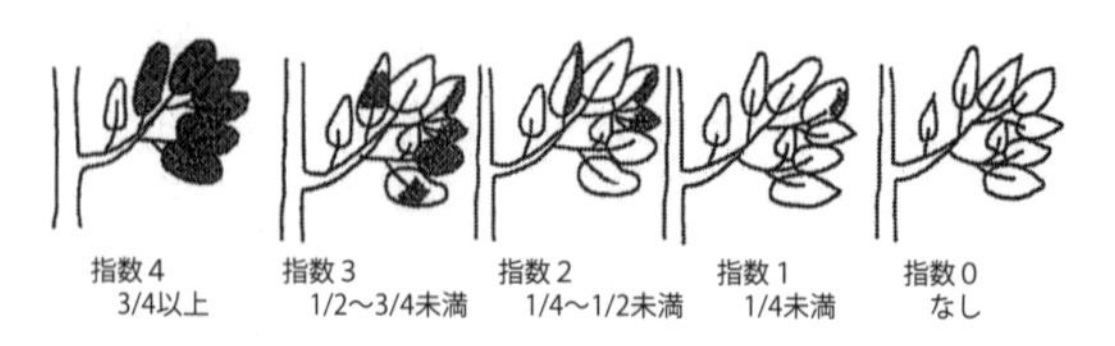

c）1枚当たりの雄花の（穂）房数の評価に用いる指数

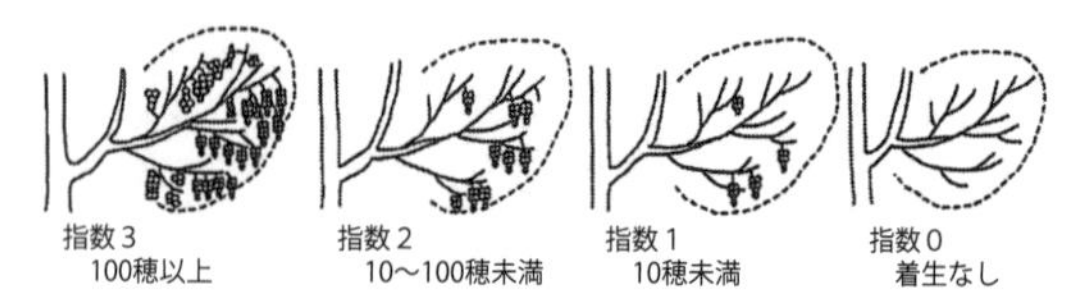

図Ⅱ・4・1　スギの雄花着生性（自然着花）の総合指数による評価の基礎となる指数等について

表Ⅱ・4・1　スギにおける総合指数別の雄花の着生枝割合合計と着生数合計（自然着花）

総合指数	着生枝割合合計	着生数合計
5	12～10	9～8
4	9～7	7～5
3	6～4	4～3
2	3～1	2～1
1	0	0

※注　個体ごとの着生枝割合、着生数のそれぞれの合計値から区分される総合指数が、同じ指数値とならない場合は、それぞれの合計値から区分される総合指数のうち、小さい方の値を用います。

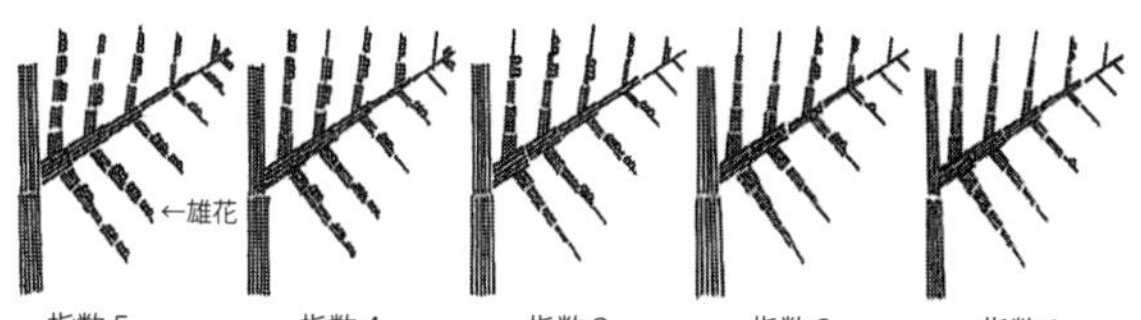

図Ⅱ・４・２　１枝当たりのヒノキ雄花の着生状況の評価に用いる指数

表Ⅱ・４・２　ヒノキにおける指数別の雄花着生状況

指数	雄花の着生状況
5	雄花の着生範囲が広く、着生量が非常に多い
4	雄花の着生範囲が広く、着生量が多い
3	雄花の着生範囲、着生量とも中程度
2	雄花の着生範囲が狭く、着生量が少ない
1	雄花の着生範囲、着生量とも非常に少ないか、全くない

表Ⅱ・４・２の基準で５段階に区分します。

〔調査結果のとりまとめ〕

・スギの場合には調査を行った年ごとに、申請個体等及び対照個体について、総合指数の平均値を計算します。

・ヒノキの場合には調査を行った年ごとに、申請個体等及び対照個体について、３枝の指数の平均値を計算し、その値を当該年における総合指数とします。

・前記の値について複数年分を平均し、申請個体等及び対照個体の総合指数とします。

○ジベレリン処理による調査の場合

〔指定基準〕

申請個体等の総合指数がスギは3・4以下、ヒノキは2・8以下となることを基準としています。

〔調査対象〕

申請個体等を調査対象とします。

〔調査方法〕

1 ジベレリン処理は、スギは6月下旬~7月中旬の間、ヒノキは7月中旬~8月中旬に実施し、個体当たり平均的な3本の枝を利用します。

2 雄花着生量の調査は10月から開花期までに行います。

3 スギの場合は、調査を行う個体ごとに、処理をした3枝について、図Ⅱ・4・3を参考に1枝当たりの雄花着生の範囲と総量を目視により、表Ⅱ・4・3の基準で5段階に区分します。ヒノキの場合は、処理した枝において、ヒノキの自然着花調査の場合に準じて各枝の1枝当たりの雄花の着生範囲と総量を評価します。

〔調査結果のとりまとめ〕

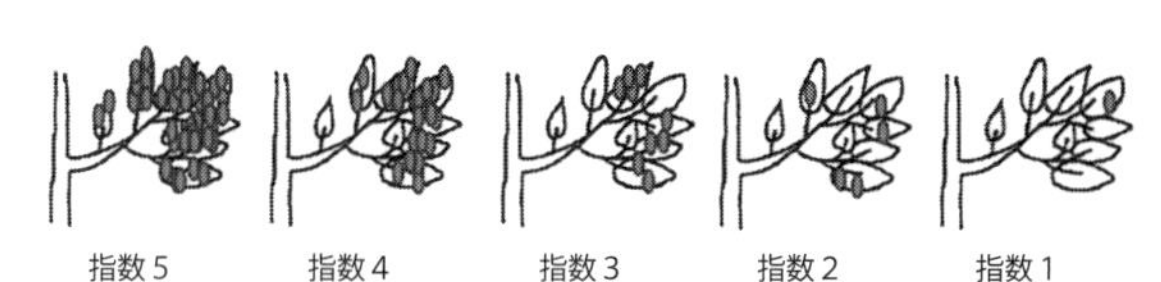

図Ⅱ・4・3　１枝当たりのスギ雄花の着生状況（ジベレリン処理）の評価に用いる指数

※注　雄花の着生範囲が広く着生量が少ないものや、雄花の着生範囲が狭く着生量が多いものは、枝全体の雄花の総量で判断します。

表Ⅱ・4・3　スギにおける指数別の雄花の着生状況（ジベレリン処理）

指数	雄花の着生状況
5	雄花の着生範囲が広く、着生量が非常に多い
4	雄花の着生範囲が広く、着生量が多い
3	雄花の着生範囲、着生量とも中程度
2	雄花の着生範囲が狭く、着生量が少ない
1	雄花の着生範囲、着生量とも非常に少ないか、全くない

申請個体等について３枝の指数の平均値を計算し、その値を総合指数とします。なお、複数年調査を行った場合には、複数年分を平均して、申請個体等の総合指数とします。

（ポイント）

５年生未満のジベレリン処理による調査の場合は、複数年を行うこととしています。

(5) 申請個体の基礎データ

（ポイント）

申請書を作成する際には

「申請個体の基礎データ」として、樹種、申請個体の名称、申請本数、申請個体の所在場所、育成経過、特定母樹の利用形態（採種園方式か採穂園方式から選択）、交配親の名称、検定の有無等の記述が必要となります。

この項の冒頭でも触れましたが、これらの項目のうち、指定番号、樹木の名称、樹種、所在場所、本数、所有者の氏名または名称及び住所については、申請木が特定母樹に指定された際に官報に告示される内容であるため、特に内容の正確さが求められます。

申請本数については、特定母樹の指定後から長年にわたって申請者がその本数を維持・管理していく必要があることから、3～5本程度が適当と考えられます。

申請個体の所在場所については、特定母樹指定後に原種増殖のための穂を採取する個体が植栽されている場所となります。林業種苗法上の種苗配布区域との関係は適切であるか、保存場所に間違いがないかを十分に確認することが重要です。

育成経過については、申請個体の育成経過を記載します。申請が認められる条件は、定植が完了していること、もしくは定植を予定しているならば、既にさし木やつぎ木等による増殖は完了していることが必要です。

特定母樹の利用形態については、採種園方式か採穂園方式から選択します。申請が認められる条件は、採穂園方式の場合には、発根性が確認されていることや、さし木個体として検定されていることが必要です。

検定の有無については、a. 申請個体を検定済み、b. 申請個体の両親を検定済み、c. 申請個体の母樹を検定済み、d. 検定していない、以上4項目について、いずれか当てはまるものをチェックする様式となっています。

最後に、特定母樹の指定状況については、制度が開始された2013〜2022（平成25〜令和4）年度末までに林木育種センター及び各県が申請し、農林水産大臣が指定した特定母樹は492系統です。このうち、林木育種センターは407系統（各県との共同申請含む）で、これらの8割以上にあたる344系統がエリートツリーです。

毎年、林木育種センターから40系統程度、また、2015（平成27）年からは各県から申請された特定母樹を含めると、50系統近くが申請され指定されています。

林木育種センターでは開発したエリートツリー等の中から、今後も特定母樹に申請し、特定母樹を普及することとしています。

5. エリートツリーの今後の方向性

(1) エリートツリーの世代を進める

林木育種では、育種集団の中で選抜と交配を繰り返し、世代を進めながら改良を行いますが、世代には「育種世代」と「普及世代」があります。育種世代とは、育種が行われている育種集団の世代です。普及世代とは、山行苗木の生産のために、採種園や採穂園に母樹として導入された品種（原種）の世代、すなわち生産集団の世代のことです。

一般的に育種世代は普及世代より世代が進んでいます。例えば、現在スギでは特定母樹となったエリートツリーの採種園や採穂園への導入が進められており、スギの普及世代は、第2世代に移行しつつあります。他方、スギの育種は、第2世代精英樹を交配親として第3世代を選抜するための母集団となる育種集団の造成が既に進んでおり、第3世代精英樹の開発に向けて、その候補木の選抜が始まっています。このため、スギの育種世代は、あと数年で第3世代に入っていくものと見込まれます。ヒノキ、カラマツ、トドマツ、アカエゾマツについても、同様に育種世代が進んでいますが、生育地域や樹種特性の違いにより、育種の進度には違いがあります。

⑵ 複合形質の改良に向けて

これまでの日本の林木育種において、一部の例外を除いて、最も重点が置かれたのは、成長性という形質の改良でした（アカマツとクロマツにおいては、第1世代精英樹の選抜時には、他樹種と同様のスキームで育種が進められましたが、マツ材線虫病が深刻な被害をもたらしたため、現在はマツ材線虫病の原因であるマツノザイセンチュウに対する抵抗性が最も重要な育種の対象形質となっています）。成長性は、育種の対象形質として、その重要性は今後も引き続き変わりはなく、今後、第3世代、第4世代と育種が進んでいく中で、成長性の改良は主要な育種形質であり続けます。

一方、林業種苗は、植栽後数十年の育成期間を経て林分として成熟し伐期を迎えると、伐採され木材等として利用されるため、木材の強度性能も重要な形質となります。このため、第1世代精英樹の材質形質の評価が進められました。例えばスギにおいて、ヤング率（剛性）は木材としての強度と密接に関わるため、精力的に特性評価が行われました。第2世代精英樹候補木の選抜にあたっては、ヤング率との相関が高い応力波伝播速度を立木状態で測定し、その値が林分の平均値と同等以上のものを候補木として選抜しています。

また、スギ、ヒノキにおいては、花粉症が大きな社会問題となっています。スギの花粉症が初めて報告されたのは1964（昭和39）年で、栃木県日光市における事例でした（堀口・斎藤、1964）。その後、年々花粉症罹患者の割合は高まっており、2020（令和2）年の最新の報告では国民の約4割が罹患しているとされています（松原ら、2020）。このため、スギ、ヒノキにおける育種において、花粉飛散量と密接な関係がある雄花着花性が育種の対象形質となっています。エリートツリーの選抜においても、雄花着花性が高い系統は除かれており、また特定母樹については、雄花着花量が従来の系統の半分以下という基準を満たす系統のみが特定母樹に指定されています。

このように、林木育種は成長性の改良を中心としながらも、材質形質や、幹の通直性等が育種の対象形質となっており、成長性と共に改良が行われています。また、スギ、ヒノキにおいては雄花着花性や無花粉（雄性不稔）形質も育種の対象形質に加えられています。林木育種が時代のニーズを踏まえながら、日本社会や林業を取り巻く環境の変化に対応する形で、新たな形質を育種の対象形質に加えながら進められていくという基本姿勢は、今後も変化がないと考えられます。

⑶ 気候変動への対応

近年、夏季の40℃前後の高温や線状降水帯を伴った集中豪雨といった極端な異常気象の発生により、気候変動の影響は身近に感じられるようになってきました。実際、気象庁が、毎年公表している「気候変動監視レポート」の最新版（２０２３〈令和５〉年3月に公表）において、日本における観測結果として、6月下旬から7月初めの記録的な高温、7月以降の北海道南東方等における記録的な高海面水温、大雨や短時間強雨の発生頻度の増加と降水日数の減少等が報告されています（気象庁、２０２３）。気候変動は、ＩＰＣＣにおいて科学的な見地からも検討されており、第5次評価報告書において「気候システムの温暖化は疑う余地はない」とされ、気候変動は世界中の自然と社会に深刻な影響を与え、我が国の農林水産物の生産にも重大な影響を及ぼすことが懸念されています。このような状況を受け、気候変動に対処するため、国際的にはＩＰＣＣを中心に緩和策としてカーボンニュートラルの達成を目指す等の方向性が示されており、日本政府も２０５０年までにカーボンニュートラルを目指すことを、当時の菅首相が2020（令和2）年10月に宣言しました。カーボンニュートラルを達成する上での大きな柱の一つが二酸化炭素の吸収源対策ですが、我が国の吸収量のうち、約9割が森林による吸収とされています。

このような状況を受け、森林吸収源の強化に関する特性については、既にスギとヒノキについて「幹重量（二酸化炭素吸収・固定能力）の大きい品種」を開発するための特性評価が第1世代精英樹を対象に進められ、スギで69品種、ヒノキで29品種、カラマツで19品種、トドマツで11品種が開発されています（林木育種センター、2022）。また、今後、エリートツリーから「幹重量（二酸化炭素吸収・固定能力）の大きい品種」を早期に開発することを目標に、ゲノム情報（「Ⅲ章 2・(1)」参照）を活用した育種技術の開発が進められています。

今後の気候変動に対する適応策としては、気候変動が進んだ場合想定される、これまでよりも高温あるいは乾燥した条件においても適応して生育する特性や、さらには、そのような環境下においてより多くの二酸化炭素を吸収して、木質バイオマスとして固定する特性を有した苗木の需要が高まると考えられます。そのための育種技術の開発が2016（平成28）年度から2020（令和2）年度までの5年間の技術開発プロジェクトとして取り組まれ、その結果から、スギの生育・生存に関しては、高温よりも乾燥の影響の方が顕著であったため、乾燥による環境ストレスへの耐性に重点をおいた特性評価技術の開発が進められてきました。現在、環境ストレスへの耐性を有するスギ品種を開発するための検定手法を整備し、実際の品種開発に着手するための準備が進められています。このように、気候変動の緩和策や適応策に関連した形質の評価も今後の林木育種に取り込まれ、課題解決に向けた一方策として推進していくことになります。

(4) 第1世代精英樹の重要性

今後も林木育種による改良が進んでいくことにより、育種の世代は第3世代、第4世代と進んでいき、より優れた特性を有する系統が開発されることになります。そのため、一見すると第1世代精英樹は過去のものとして不要になると考えられるかもしれませんが、実際はそうではありません。

第1世代精英樹の強みと利点は、すでに長年全国的規模で進められてきた林木育種事業の成果として、各精英樹の主要な特性が明らかになっていること、またそれら精英樹が実際に植栽されて充分に成熟した林分として検定林や育種素材保存園（クローン集植所）等の形で現存していることにあります。

林木育種における長年の大きな課題は、育種に要する時間（育種年限）の短縮です。このために、ゲノム情報を活用して選抜を行う統計的な手法による高速育種技術の開発が進められています。これには複数の手法がありますが、共通している点は、あらかじめ一定の対象系統について、対象となる形質の調査を行って各系統の特性値を把握すると共に、各系統のゲノム解析を行って、各系統が持っている遺伝的な情報と形質の特性値との相関関係を明らかにし、予測モデルを作成することです。予測精度の高い予測モデルを構築することができれば、理論的には、後は形質の調査を行わなくとも、ゲノム解析を行うことで形質の予測が可能となります。このように、ゲノム情報を活用した高速育種の実現のためには、予測モデルの構築が重要であり、そのためには、形質の特性値の取得がすでに進み、かつ各地に検定林等が造成されている第1世代精英樹の活用が欠かせません。

また、今後新たな育種ニーズが生じ、そのための特性評価には20年生以上の個体での評価が必要といったような状況となった場合、第1世代精英樹の中から条件に合致する林分、系統を抽出して評価する等により、より迅速に育種技術の開発を進めることが可能となります。

このようなことから、育種の世代は次世代へと進んでいきますが、育種を迅速に、効率的に進めるための研究リソースとして、第1世代精英樹、具体的には第1世代精英樹の特性データと植栽された検定林等の植栽林は重要となります。

参考・引用文献

1
経済産業省（2021）2050年カーボンニュートラルに伴うグリーン成長戦略．https://www.meti.go.jp/policy/energy_environment/global_warming/ggs/pdf/green_honbuh.pdf.
農林水産省（2021）みどりの食料システム戦略～食料・農林水産業の生産力向上と持続性の両立をイノベーションで実現～．https://www.maff.go.jp/j/kanbo/kankyo/seisaku/midori/attach/pdf/index-10.pdf
林野庁（2021）森林・林業基本計画関係資料．https://www.rinya.maff.go.jp/j/kikaku/plan/attach/pdf/index-4.pdf
田村和也（1997）わが国の林業種苗政策の史的展開過程―1900年代開始期から80年頃の確立期まで―．

博士論文．１２８
三上進（１９９１）林木育種事業の流れ．林木育種学．１５９-１７３
藤澤義武（２０１２）林木育種の実際．森林遺伝育種学．１９９-２２０
林木育種センターパンフレット
藤澤・石井（２０１３）今後の種苗供給における林木育種の課題．森林遺伝育種．第2巻．１２８-１３１
林木育種センター．特性表．https://www.ffpri.affrc.go.jp/ftbc/business/sinhijinnsyu/seieijyutokuseihyo.html
岡田滋（１９９１）交雑育種事業化プロジェクト．林木育種学．２０９-２２０
栄花茂（１９９１）交雑育種事業化プロジェクト実施報告―プロジェクト計画と技術開発10か年の成果―．林育研報№９．１-14
宮田増男（２０００）第二期交雑育種事業化プロジェクトの目的と実施成果の総括．林育研報№17．33-39
宮田増男（２０００）精英樹選抜育種事業と気象害・病虫害等の抵抗性育種事業―林木育種センターの事業を中心として―．林業技術．№６９５．14-17
エリートツリー選抜実施要領
林野庁（２０２２）令和3年度森林・林業白書．https://www.rinya.maff.go.jp/j/kikaku/hakusyo/r3hakusyo/
森林総合研究所林木育種センター（２０２１）エリートツリー由来の特定母樹―これからの種苗生産．森林づくりに— https://www.ffpri.affrc.go.jp/ftbc/business/documents/erituri.pdf
林野庁（2022）令和3年版 森林・林業白書．https://www.rinya.maff.go.jp/j/kikaku/hakusyo/r3hakusyo/
井出雄二・白石進（2012）森林遺伝育種学．文永堂出版．東京

2・(1)

栗田学・倉本哲嗣・久保田正裕・福山友博・竹田宣明・倉原雄二・松永孝治・大塚次郎・佐藤省治・渡辺敦史（2020a）用土を用いない新たなスギ挿し木発根手法の検討―スギ挿し木苗の植物工場的生産技術の開発に向けて―．九州森林研究73：57-61
登録番号：第6626993号．商標：エアざし．登録日：令和4年10月13日
特許番号：第6709449号．発明の名称：さし穂の発根装置．特許取得日：令和2年5月27日
尾上竜一・吉村和也・栗田学・田村美帆・渡辺敦史（2019）スギさし木苗生産における最適な光環境条件の検討．森林遺伝育種学会第8回大会講演要旨集．25
佐藤太一郎（2020）用土を用いない空中さし木法による季節毎のスギさし木発根特性について．大分県農林水産研究指導センター林業研究部年報62：54-55
佐藤太一郎・栗田学・亀井淳介・豆田俊治・河津温子・姫野早和（2020）空中さし木法による周年のスギさし木発根特性について．第131回日本森林学会大会プログラム．2-174

佐藤太一郎（２０２１）空中さし木法における穂木の腐敗対策手法の検討．大分県農林水産研究指導センター林業研究部年報63：52-27
栗田学・久保田正裕・渡辺敦史・大塚次郎・松永孝治・倉原雄二・倉本哲嗣（２０１９）空中さし木法によるスギさし穂の発根誘導条件の最適化—散水条件の検討—．第75回九州森林学会発表要旨７０４
苗生産マニュアル Ver.1.1. https://www.ffpri.affrc.go.jp/kyuiku/research/syoukai/eazasi.html（２０２１年8月5日アクセス）

2・(2)

岩川盈夫・岡田幸郎（１９５９）採種園の造成法
林野庁（１９６４）採種園の施業要領（39．林野造第１７２０号）
東北育種基本区スギミニチュア採種園技術マニュアル（２００３）
東北育種基本区ミニチュア採種園技術マニュアル２０１１（２０１１）
林木育種センター関西育種場（１９９９）採種園の育成管理
採穂（種）園害虫と防除（１９６５）農林出版株式会社
採種・採穂園の管理とスギのさしき（１９６９）農林出版株式会社
東北林木育種場 同奥羽支場（１９７６）実践採種穂園の管理

2・(3)

関東林木育種場　長野支場（１９６３）クマスギのさしきおよびスギ採穂園の造成
東北育種場・青森営林局（１９６９）スギ採穂木の仕立て方（スライド）
改訂図説造林技術（１９８２）日本林業調査会編
岩川盈夫・田中周（１９６７）採穂園．地球出版
熊本営林局（１９８０）スギ採穂園台木の取扱要領
林木育種センター九州育種場（２００４）九州地方における採穂園の設定と管理
林野庁（１９９５）平成7年度林木育種研修テキスト（採穂園の育成管理）
採穂（種）園害虫と防除（１９６５）農林出版株式会社
採種・採穂園の管理とスギのさしき（１９６９）農林出版株式会社
東北林木育種場　同奥羽支場（１９７６）実践採種穂園の管理

3・(1)

Takahashi M, Miura M, Fukatsu E, Kurita M, Hiraoka Y. 2023. Research and project activities for breeding of *Cryptomeria japonica* D. Don in Japan. Journal of Forest Research 28（２）: 83–97

3・(2)
平英彰・斎藤真己・五十嵐正徳・齋藤央嗣（2005）スギ雄性不稔個体の選抜．林木の育種216：17-18
齋藤央嗣（2017）ヒノキ両性不稔個体の発見．日林誌99：150-155
齋藤央嗣・森口喜成・高橋　誠・平岡裕一郎・山野邉太郎（2020）ヒノキ両性不稔品種〝神奈川無花粉ヒ1号の特性〟．神自環保セ報16（2020）1-8
4
林野庁HP．特定母樹応募要領（別紙1）
5
松原篤・坂下雅文・後藤穣・川島佳代子・松岡伴和・近藤悟・山田武千代・竹野幸夫・竹内万彦・浦島充佳・藤枝重治・大久保公裕（2020）鼻アレルギーの全国疫学調査2019（1998、2008年との比較）：速報―耳鼻咽喉科医およびその家族を対象として．日本耳鼻咽喉科学会会報123：485-490
堀口申作・斎藤洋三（1964）栃木県日光地方におけるスギ花粉症 Japanese Cedar Pollinosis の発見アレルギー．13：16-18
気象庁（2023）気候変動監視レポート2022：109
林木育種センター（2022）令和4年版年報．141

Ⅲ章

林木育種に関連する技術・取組と新たな知見

森林総合研究所林木育種センター

山田 浩雄　*1-(1)*①②③④⑤

織部 雄一朗　*1-(1)*⑥

千吉良 治　*1-(2)*①③⑥

久保田 正裕　*1-(2)*②

生方 正俊　*1-(2)*④

宮下 久哉　*1-(2)*⑤

平尾 知士　*2-(1)*②

永野 聡一郎　*2-(1)*⑤

能勢 美峰　*2-(1)*⑥

武津 英太郎　*2-(1)*⑦

森林総合研究所森林バイオ研究センター

小長谷 賢一　*2-(2)*

静岡県立農林環境専門職大学

平岡 裕一郎　*2-(1)*①

九州大学大学院農学研究院

渡辺 敦史　*2-(1)*③④

1．林木育種に関連する技術・取組

(1) 林木遺伝資源の保存と利用

①生物多様性と林木遺伝資源

(ア)遺伝資源

「遺伝資源」とは、地球上のすべての生物を遺伝的な観点から資源として捉えたもので、今現在、利用価値が高く顕在化しているものだけでなく、現段階では利用価値が潜在的であり、将来利用されるかもしれないものも含んでいます。半田（２００１）は、「遺伝資源とは、長い進化の歴史の中で蓄積された遺伝的変異で、育種（品種改良）の基盤となるものである。必ずしもそのものが直接利用されて役立つとは限らないが、少なくとも人類に有用なもの、またはその可能性があるものを指す。遺伝資源として重要なことは、遺伝変異をいかに多く保有するかにある。遺伝変異を保存して利用できるようにしておくのがジーンバンクである。」としています。人の価値観は時代と共に変化することから、今の価値観では利用価値がないと考えられる遺伝変異であっても、遺伝資源として保存しておくことが重要です。

⑴生物多様性

日本の国土は約38万㎢で、世界の中では比較的小さな国ですが、日本列島は南北に長く、北は亜寒帯、南は亜熱帯に至るまで、地域によって大きく気候の異なる環境となっていることから、生物多様性に富んでいることが特徴となっています。例えば、北はトドマツ、エゾマツ等の亜寒帯林から、ブナ、ミズナラ等の冷温帯林、シイ、タブ等の暖温帯林、リュウキュウマツ等の亜熱帯林と地域によって異なる植生となっています。また、同じ樹種であっても、生育する地域や1本1本の樹木によって、様々な違いを有しています。例えば、日本の主要な造林樹種の一つであるスギは、本州の太平洋側から四国、九州にかけて分布するものを「オモテスギ」、本州の日本海側から北陸、山陰にかけて分布するものを「ウラスギ」と呼ぶこともあり、積雪環境等の違いにより、針葉の形態や枝ぶり等の性質に大きな違いがあることが知られています。

1993（平成5）年に発効された生物多様性条約によると、生物多様性は、「生態系の多様性」、「種の多様性」、「遺伝子の多様性」の三つの階層からなるとされています。生態系の多様性の一つである森林は様々な樹種から構成され（種の多様性）、また、同じ樹種であっても成長や性質が異なるなどの遺伝的変異（遺伝子の多様性）を有しています。このような生物多様性は、食料や水、林産物等の供給、安定した環境など、国民生活に大きな恩恵を与えてきました。特に、森林の持つ種の多様性や遺伝子の多様性を資源と見なして、「林木遺伝資源」と呼んでいます。林木遺伝資源は、環境の変化などにより、一度失われてしまうと二度と同じものを再生することはできないことから、林木遺伝資源を収集して保存し、利用できるようにするための事業、「林木ジーンバンク事業」が行われています。

(ウ)生物多様性条約と名古屋議定書

生物多様性条約は、1992(平成4)年にブラジルで開催された地球サミットで採択され、1993(平成5)年に発効した国際条約で、a. 生物の多様性の保全、b. 生物多様性の構成要素の持続可能な利用、c. 遺伝資源の利用から生ずる利益の公正で衡平な配分(Benefit-Sharing)を目的としています。条約の中ではさらに、「各国の遺伝資源はその国が権利を持ち、その利用(Access)には政府の許可が必要であること」が定められており、cの目的と併せてABSと呼ばれています。そしてこのABSの実効性を高めるために決められた国際的なルールが、2010(平成22)年に名古屋市で開催された生物多様性条約第10回締約国会議(COP10)で採択された「名古屋議定書」です。名古屋議定書に沿って外国の遺伝資源を研究に使用するためには、a. 提供国法令の遵守と、b. ABSに関する手続きが必要となっています。

②林木ジーンバンク事業

(ア)沿革

林野庁による林木の遺伝資源の保存を目的とした事業は、１９６４（昭和39）年に優良遺伝子群の保存事業として行われた遺伝子保存林の造成に始まります。林木ジーンバンク事業としての制度は、農林水産省ジーンバンク事業が１９８５（昭和60）年に開始され、林木育種センターの前身の林木育種場が林木部門のセンターバンクとして参画したことが始まりです。その後、２００１（平成13）年の独立行政法人への移行に伴い、農林水産省ジーンバンク事業も発展的に解消され、林野庁において実施する森林・林業に関するジーンバンク事業として林木育種センターが関係機関と連携して事業を進めることとなり、現在に至っています。１９９５（平成7）年からは、試験研究用への林木遺伝資源の配布を開始、２００３（平成15）年には「林木遺伝子銀行１１０番」を開設しています。

また、林木ジーンバンク事業の開始から約30年が経過した２０１４（平成26）年には林木育種事業の次世代化の推進、バイオリソース（生物遺伝資源）の整備、絶滅に瀕する遺伝資源の保全等が求められていることを踏まえて、今後の林木ジーンバンク事業をより一層戦略的に展開するための進め方について、有識者等による検討会を開催しました。

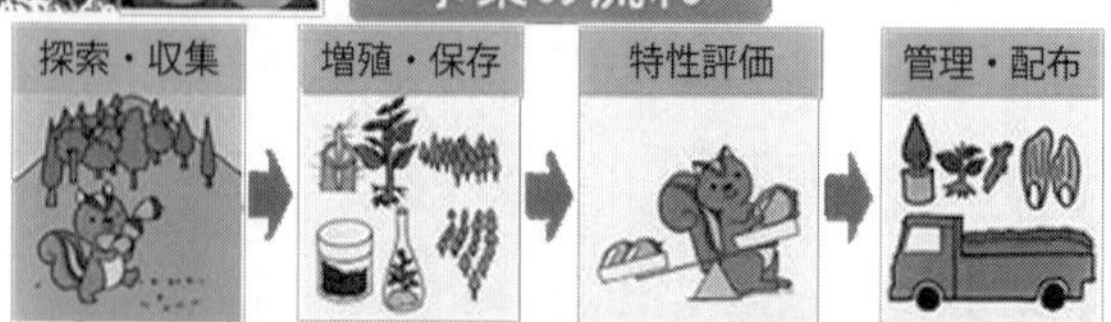

図Ⅲ·1·1　林木ジーンバンク事業の対象と進め方

(イ)目的と対象

有識者等による検討会を踏まえ、林木ジーンバンク事業の重点課題は、a. スギ・ヒノキ等の主要な造林樹種を対象とした品種改良の材料となる育種素材の補完（林木育種を支える基盤の整備）、b. 有用樹や早生樹等を対象とした新たな需要創出への貢献（遺伝資源の充実と活用の強化）、c. 絶滅危惧種、巨樹等を対象とした脆弱な希少遺伝資源の保存、d. 遺伝資源情報のネットワーク化、としています（図Ⅲ·1·1）。特に、林木遺伝資源を保存するだけでなく、その利活用にも積極的に取り組むこととしています。

また、事業の進め方として顕在ニーズと

潜在ニーズに基づいて取り扱いの優先度を決定し、a．優良品種開発に直結するもの、b．新需要創出に直ちに必要なもの、c．このままでは消滅してしまうため、緊急避難的な保存が必要なものを主な対象に探索収集して、増殖保存し、特性評価を実施すると共に、d．緊急度は低いが、将来必要になるかもしれない遺伝資源については、必要な時に確実にアクセスできる遺伝資源の所在地情報等を集積することとしています。

(ウ)事業の内容

林木ジーンバンク事業は、探索収集、増殖保存、特性評価、情報管理及び試験研究用の配布という流れで進めています（図Ⅲ-1-1）。

林木遺伝資源の収集計画に沿って、遺伝資源を探索し、増殖と保存のための穂木や種子、花粉を収集します。次に、収集した穂木を用いて増殖を行います。増殖は、元の原木と全く同じ遺伝子を持つクローン増殖を基本とし、さし木、またはつぎ木で実施します。クローン増殖が困難な場合は、種子による増殖も行っています。増殖したクローン苗や実生苗である成体は全国の育種場等の保存園に、種子や花粉の生殖質は林木育種センターの冷蔵・冷凍庫の施設に保存しています。

保存した遺伝資源については、林木遺伝資源特性評価要領に基づき、成体はその成長や材質、着花性等の特性調査を行っています。また、種子・花粉の生殖質は定期的に発芽率の調査を行い、利用に備えた品質管理を行っています。

これら探索収集、増殖保存、特性評価を通じて得られる情報については、すべてデータベースに記録され、情報管理されています。これらの情報は、次回の探索収集、あるいは林木育種の事業や研究の材料として使用する時の基礎情報となります。また、保存されている林木遺伝資源は、試験研究用の材料としての配布も行っており、管理されている情報と共に提供しています。

③林木遺伝資源の保存

林木ジーンバンク事業における林木遺伝資源の保存方法は、大きく二つ、(ア)生息域内保存と、(イ)生息域外保存に分けられます（図Ⅲ・1・2）。

(ア)生息域内保存

「生息域内保存」とは、主に天然林等を対象に、保存の対象となる樹種や集団を、本来の生

図Ⅲ・1・2　林木遺伝資源の保存方法

息地の中でそのまま保存する方法です。遺伝的な多様性の維持や保存に適しており、将来に備えた多様な遺伝資源を確保することができます。林野庁が国有林内に設定している保護林が、林木ジーンバンク事業の生息域内保存の役割を担っています。

保護林は、原生的な天然林などを保護・管理することにより、森林生態系から成る自然環境の維持、野生生物の保護、遺伝資源の保護等に資することを目的としている国有林です。時代に合わせて、これまで複数回の制度の見直しが行われ、現在は、a．森林生態系保護地域、b．生物群集保護林、c．希少個体群保護林の3区分となっており、2021（令和3）年度末現在、合計で691箇所98万

haが保護林となっています。

(イ) 生息域外保存

「生息域外保存」は、遺伝資源を人工的に増殖し、本来の生育地以外で保存する方法です。保存できる遺伝的多様性は限られるものの、人の管理の及ぶ環境下で保存するため、遺伝資源へのアクセスや管理が容易であり、精度の高い特性評価や、遺伝資源の配布要望に対して、特性の明らかなものを適切に提供することができます。原産地の環境変動に対するリスク分散という役割もあり、滅失の恐れのある希少種等の保存にも適しています。

生息域外保存には、a. 野外での成体保存として、優良林分の後継林分で主に国有林に造成されている遺伝子保存林と、成長が良い等の特徴を持ったものを収集・増殖して植栽している育種場等の保存園があり、また、b. 施設保存として、種子や花粉等を保存している冷蔵・冷凍施設があります。これまでに林木ジーンバンク事業では、林木育種センター及び地域の育種場等の保存園や冷蔵・冷凍施設に合わせて、2021(令和3)年度末現在、約4万5000点の林木遺伝資源が保存されています。以下に成体保存と施設保存について述べます。

(ウ)成体保存

遺伝子保存林は、1964（昭和39）年の林野庁長官通知に基づき、優良な林分（採種源指定林分）から種子を採取して養成した苗木で造成した後継林分で、優良個体の遺伝子が多く保存されています。後継林分である遺伝子保存林が造成されると、採種源指定林分は伐採・収穫できる仕組みになっています。スギ、ヒノキ等の主な造林樹種を対象に、2021（令和3）年度末現在、234箇所の採種源指定林分について後継林分（遺伝子保存林）が合計405箇所935ha造成されています。遺伝子保存林の中には、既に50年次を超える林分もあり、次の後継林分を造成することにより、伐採・収穫が可能な林分も出てきています。

全国の育種場等の保存園での成体保存は、規模は小さくなりますが、直ちに品種改良に利用する個体や、特に優良な個体、貴重な個体、枯損の危機にある個体を対象に、主につぎ木やさし木で増殖したクローンを、成体の形で保存し、特性評価が行われています（図Ⅲ-1-3）。2021年度末現在、林木育種事業や林木ジーンバンク事業で選抜された育種素材として利用価値の高いものとして、スギ・ヒノキ等の精英樹やエリートツリー、気象害抵抗性個体、マツノザイセンチュウ抵抗性個体、病虫害抵抗性個体、早生樹、有用広葉樹、緑化樹等が2万6000点、絶滅に瀕している種等として、国の天然記念物、衰退林分、枯損の危機に瀕

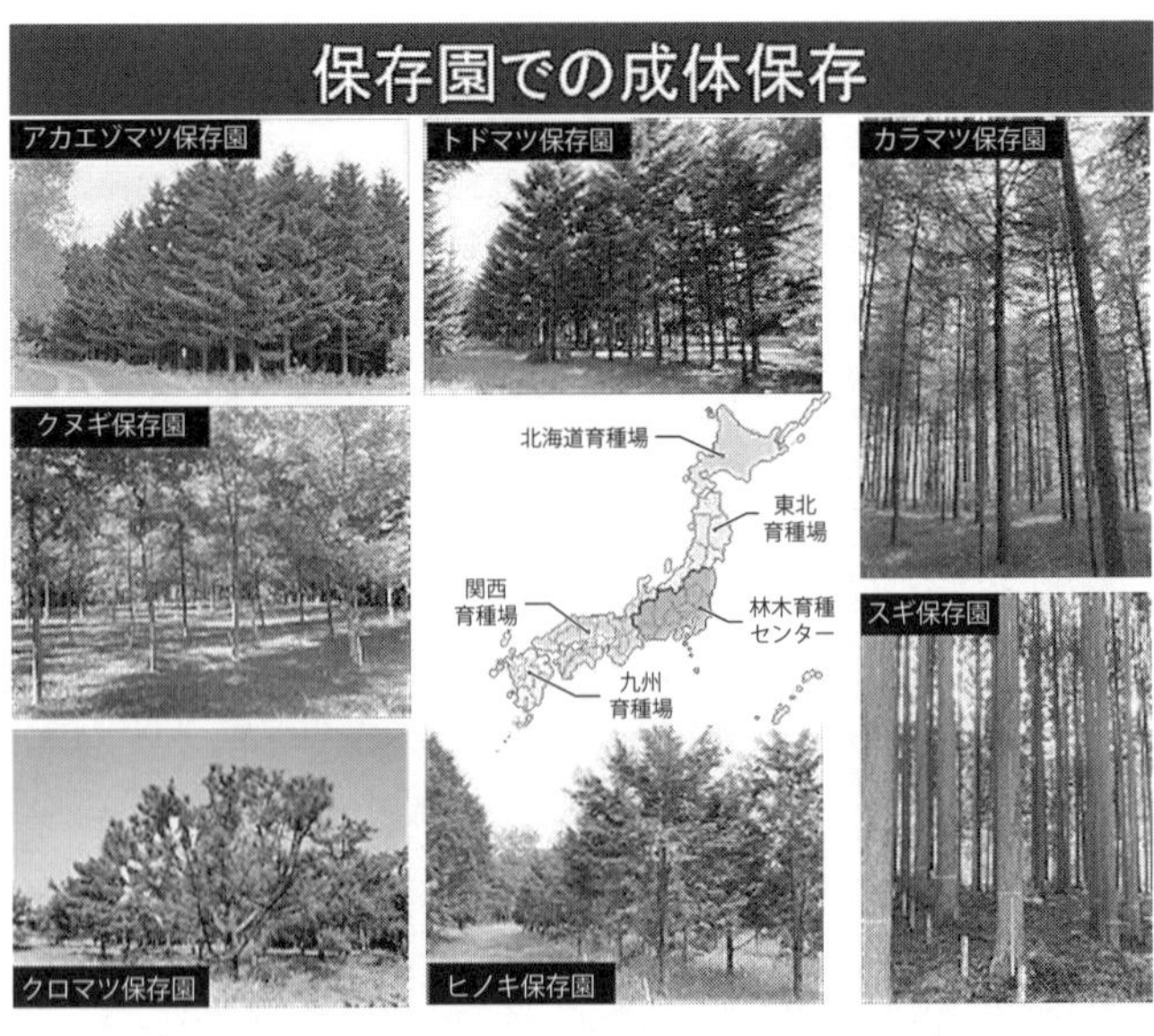

図Ⅲ・1・3　育種場の保存園における成体保存

している巨樹・銘木、絶滅危惧種、小笠原諸島の自生種等が3000点、その他を合わせて、約3万点を保存しています。日本列島は南北に細長く、地域によって異なる植生や樹種構成となっており、また同じ樹種であっても、地域によって遺伝的な分化が認められます。そのため、全国に設置されている育種場等の保存園に、それぞれの地域の遺伝資源が保存されています。

(エ)施設保存

「施設保存」では、種子・花粉の生殖質、DNA、冬芽・茎頂等の植物組織等を対象に、冷蔵庫や冷凍庫で保存しています。樹種や保存する組織によって保存条件が異なります。冷凍庫による凍結保存では、保存する植物組織の含水率が高いと、氷結晶の形成により致命的なダメージを受けるため、乾燥させて含水率を下げることが不可欠です。そのため、乾燥に耐えられるものしか凍結保存することができません。林木ジーンバンク事業では、2℃の冷蔵庫や冷蔵室、マイナス20℃の冷凍庫、マイナス80℃の超低温冷凍庫や、液体窒素（マイナス196℃）を用いた超低温保存庫を使い分けて保存を行っています。

樹木種子の保存は、種子の乾燥耐性から、「オーソドックス種子」と「リカルシトラント種子」の大きく二つのタイプに分けられます。オーソドックス種子は乾燥させて、凍結保存することができます。多くの針葉樹の種子はオーソドックス種子です。リカルシトラント種子は乾燥させると発芽能力を失ってしまう種子です。乾燥・凍結保存ができませんので、冷蔵で保存しています。林木ジーンバンク事業では、スギ、ヒノキ等の主要造林樹種の種子はオーソドックス種子ですので、含水率を15％程度以下に乾燥させて、マイナス20℃の冷凍庫で保存しています。この条件で10年間以上発芽率を保った状態で保存できることがわかっています。それ以外の針葉樹の種子やケヤキやシデ類などの広葉樹の種子は、乾燥させて2℃の冷蔵庫で保存しています。一方、コナラ属等の種子、いわゆる「どんぐり類」は、乾燥させると発芽能力を失ってしまうリカルシトラント種子ですので、乾燥させないようにして、2℃の冷蔵庫で保存していますが、長期間の保存は難しいのが現状です。

樹木の種子の保存については、すべての樹種で、最適な保存方法がわかっているわけではありません。研究の進展によって、これまでリカルシトラント種子としてきたものの中に、新たにオーソドックス種子として取り扱えることが明らかになる場合もあります。例えば、これまでブナの種子は乾燥させると発芽能力を失うリカルシトラント種子と考えられてきましたが、最適な含水率に調整することにより、オーソドックス種子として凍結保存が可能であることが明らかとなりました。

林木ジーンバンク事業における花粉の保存は、樹種に関係なくすべて乾燥させてマイナス80℃の冷凍庫で保存しています。このように保存することで、5年以上の保存が可能となり、人工交配に用いることができます。保存花粉の発芽率を定期的に調査して管理しています。また、冬芽・茎頂等の凍結保存についても技術開発が進められています。

④新たな需要の創出

先に述べた2014（平成26）年開催の有識者等による検討会では、「多様な森林への誘導と森林における生物多様性の保全」、「山村固有の未利用資源の活用と地域特産物の振興」等の施策に貢献し、林木遺伝資源を保存するだけではなく、その利活用を促進することとされており、その一環として、新たな需要の創出等に貢献するため、早生樹として期待されているコウヨウザン、センダン、ユリノキ、チャンチン、オノエヤナギ、ドロノキ等や、伝統的な産業を支えてきた樹木として、薬用樹のキハダや和紙原料のミツマタ等を対象に収集、保存及び特性評価を進めています。早生樹はその成長の良さから、下刈り回数の縮減等による造林の低コスト化、短伐期施業による林業の採算性の向上、森林の炭素固定能力の強化等が期待されています。その中で、コウヨウザンはスギやヒノキと同等の材質を有していて、建築材や合板、ＬＶＬ等として利用が可能であること、センダンやチャンチン等は家具材や突板として、また、オノエヤナギ等のヤナギ類はバイオマス燃料としての利用が見込まれるなど、生産される木材の用途も合わせて検討することにより、新たな需要の創出に結びついています。

コウヨウザンは中国原産のヒノキ科コウヨウザン属の常緑針葉樹で、スギやヒノキと近縁な樹種です。日本には江戸時代以前に渡来したとされています（図Ⅲ-1-4）。成長が旺盛で幹が通直であること、さし木増殖が可能であること、伐採後の切株からの萌芽性にも優れることから、短伐期林業やさし木によるクローン林業、収穫後に萌芽更新が可能な造林樹種として期待

図Ⅲ・1・4　コウヨウザンの林分

されています。これまでに、a．日本国内のコウヨウザン遺伝資源を探索した結果、単木で植栽されているものも含めると２００箇所以上の植栽地が見つかり、年平均気温12℃以上の主に西南日本の照葉樹林帯に広く植栽されていること、b．ＤＮＡ分析を行った結果、国内に植栽されているコウヨウザンの原産地は、中国南西部、中国東部、台湾に由来すると考えられること、c．ある程度まとまった本数が植栽されている林分で成長量を調査した結果、適地ではスギ1等地の収穫予想の2倍であったこと、d．樹齢が50年を超える林分と20年程度の林分を伐採して生産した丸太のヤング率を測定した結果、樹齢の高い林分の木材の強度はヒノキと同程度、樹齢の若いものはスギと同程度であり、建築用材として利用可能であることがわかっています。林木ジーンバンク事業では、優良個体の選抜や国内の優良林分から採取した種子による産地試験を実施しています。また、これまでの特性調査の結果を受けて、各地でコウヨウザンの試験的な造林が行われていますが、苗木の供給体制が構築されておらず、苗木が調達しにくい状況にあることや、地域や林分によっては、造林初期にノウサギの激しい食害が報告されていて、これらへの対応が求められています。

⑤希少種等の保存

林木ジーンバンク事業では、絶滅危惧種や国・都道府県等が指定する天然記念物、巨樹・巨木等の希少な林木遺伝資源の保存についても取り組んでいます。絶滅危惧種等の保存は、他の農業関係のジーンバンクでは取り扱っていませんので、林木ジーンバンク事業の大きな特徴の一つとなっています。環境省は、絶滅の恐れのある野生生物のリストを、レッドデータブックとして公表しており、このリストが、林木遺伝資源の収集、保存を行う際の判断基準となっています。これまでに、オガサワラグワ、ヤクタネゴヨウ、トガサワラ、ヒメバラモミ等の絶滅危惧種や希少種のほか国や都道府県指定の天然記念物、森の巨人たち百選等の巨樹・巨木、有名マツ林等の衰退林分等の貴重な遺伝資源を保存しています。

オガサワラグワは、本州の南方約１０００㎞の小笠原諸島のみに分布する樹種です。レッドデータブックでは、ごく近い将来に絶滅の危険性が極めて高い絶滅危惧ⅠA類（絶滅寸前）に分類されています。個体数は現在でも自然枯死により減少しており、２０２１（令和３）年

図Ⅲ・1・5　林木育種センター（日立市）の温室に生息域外保存されているオガサワラグワ

現在の生存個体は120個体程度と推定されています。林木育種センターでは、2004（平成16）年から、現地の生存個体から穂を採取し、組織培養によって増殖する技術を開発しました。2021年度末現在、111個体のクローンの増殖に成功し、林木育種センター内の温室等で生息域外保存を行っています（図Ⅲ・1・5）。この111クローンの中には、既に現地の個体が枯死してしまっているものも13クローンあり、大変貴重な保存となっています。2014（平成26）年からは小笠原村等と連携して、組織培養苗を小笠原諸島に送り、現地での野生復帰試験を行っています。また、2019（令和元）年からは日本植物園協会と連携して、オガサワラグワを植物園の温室で保存してもらう取組を進めています。

ヤクタネゴヨウは、屋久島、種子島に分布する有用樹種ですが、近い将来に絶滅の危険性が高い絶滅危惧ⅠB類（絶滅危機）に分類されています。ヤクタネゴヨウについても、現地から穂を採取し、つぎ木でのクローン増殖に成功しています。林木育種センター九州育種場内に、増殖したつぎ木苗で採種園を造成し、稔性の高い種子の生産が可能となっています。

⑥巨樹・名木等の後継クローン苗木の里帰り

巨樹や由緒ある名高い樹木は、その大きさまで成長することができたこと、そしてその間、様々な病気や害虫、気象害からのアタックを受けながらも生き残ってきたことから、何らかの抵抗性の遺伝子やいわゆる長寿に関連する遺伝変異を持っているということが期待され、貴重な遺伝資源と考えられます。

文化庁では、文化財保護法に基づき、天然記念物等を指定して、保護の対象としています。巨樹・名木の中には、天然記念物に指定されているものもあります。国が指定した樹木の天然記念物については、そのほとんどが林木ジーンバンク事業で収集、保存されています。

2003（平成15）年から林木育種センターでは、林木のジーンバンク事業の一環として、

図Ⅲ·1·6　いぶき山イブキ樹叢（左）と後継クローン苗木

2002（平成14）年３月に行われたこの後継樹の里帰りが「林木遺伝子銀行110番」の取組につながった。

高齢や被害等が原因で衰弱した天然記念物、森の巨人たち百選やこれらに類する巨樹・名木等の中で、樹木の所有者や地方公共団体等からの要請を受け、特に保存する価値があり緊急性が高いと判断された樹木について、採取した枝からさし木やつぎ木の方法で増殖した全く同じ遺伝子を受け継ぐクローン苗木を後継樹として現地に里帰りさせる「林木遺伝子銀行１１０番」に取り組んでいます（図Ⅲ·1·6）。これまでに（２０２３〈令和5〉年3月31日現在）、３２６件の要請に２４８件３０８クローンの苗木が里帰りしており、後継クローン苗木の一部は、林木遺伝資源として林木育種センターに保存され、研究材料としても活用されています。

(2) 海外林木育種技術協力

① 熱帯産早生樹等の育種の進め方

林木育種センターや都道府県等が、それぞれの機関が有する技術や研究の知見を生かして、林木育種の経験が少ない国からの要望に応じて、現地の林木育種関係機関とともに、その国の郷土樹種等を対象に林木育種の技術協力を実施してきました。ここでは、それらの事例について紹介します。

林木育種を進めるうえで、選抜は遺伝的改良を実現するために必須であり、検定は育種の効果を確認するために必要です。従って、対象樹種に関わらず、選抜と検定については林木育種を進めるうえで普遍的な作業です。抵抗性育種では、選抜や検定のための評価手法を抵抗性の種類に応じてそれぞれ開発する必要がありますが、成長や材質の向上を育種目標とした場合には、日本国内で研究・開発された技術を他樹種に応用することは比較的容易です。

一方で、次世代化や改良種苗の普及を左右する繁殖特性は樹種ごとに異なり、また改良種苗の潜在的な需要量については、可能な限り情報を得て、育種を計画する最初の段階で慎重に検討する必要があります。加えて、国ごとに異なる経済や治安等の社会状況に応じて、単位面積当たりの採種穂園等の維持管理に要する費用が異なることにも留意する必要があります。育種種苗の普及により、遺伝的な改良効果を社会に還元するためには、造林事業者にとって妥当な価格設定で、かつ需要量を満たすことが求められます。

樹種の繁殖特性の違いが育種の進め方に大きく影響する例を以下に示します。単位面積当たりの採種穂園から生産される種苗によって満たすことができる植林面積は樹種ごとに大きく異なります。例えば、チーク（*Tectona grandis*）では、1haのクローン採種園由来の種苗で単年度当たり8・3haの造林面積（植栽密度625本／ha）しか賄えないとされています（2023〈令和5〉年4月閲覧 FAO.org）。一方で日本のスギは、胸高直径位置程度で断幹したミニチュア採種園において300万粒／haの種子が生産可能です（2022 小林）。

このため、チークに関しては、造成費や維持管理費がかかる採種園ではなく、優良林分を採種母樹林として活用することを基本とした育種計画を策定することが主要な選択肢になります。

樹種の繁殖特性のほか、地域の状況によっては、焼畑、森林火災、盗難等の対策費用が大きく異なります。検定林や採種穂園の維持費と改良種苗の普及で得られる経済効果について熟考して、種苗普及を含めた育種計画を立案することが必要です。

②ウルグアイにおける林木育種技術協力

㈠対象樹種及び育種方法の選定と背景

ウルグアイでは、１９８０年代後半、大規模に人工林の造成を推進した結果、ユーカリ類やマツ類の遺伝的に改良された種子の需要が急速に高まり、改良種子を国内で生産することが急務でした。このような状況を背景に、ウルグアイでの林木育種技術協力は、国際協力機構（以下、ＪＩＣＡ）の技術開発プロジェクトとして、１９９３～１９９８〈平成5～10〉年まで（アフターケアとして２０００～２００２〈平成12～14〉年まで）、国立農牧研究所（以下、ＩＮＩＡ）において実施されました。

本プロジェクトの対象樹種は、ユーカリグランディス（*Eucalyptus grandis*）、ユーカリグロブルス（*Eucalyptus globulus*）、ユーカリマイデニー（*Eucalyptus globulus ssp. maidenii*）、ユーカリサリグナ（*Eucalyptus saligna*）の４樹種です。ウルグアイでは、組織的な林木育種事業が行われていなかったため、栄養繁殖技術を必要としない実生採種林方式により、早期にユーカリの国産改良種子の生産を行うことを目標としました。

(イ)育種方法、間伐による実生採種林化

種子は、a．既存林分で選抜した優良候補木（プラス木）から採取した自然交配種子と、aで種子源とした既存林分は遺伝変異が狭い恐れがあったため、b．オーストラリアから産地・家系別の自然交配種子を導入し、別々に育種集団を構成し育種を開始しました。

aでは、樹種ごとに3箇所の実生後代検定林と1箇所の実生採種林を造成しました。実生採種林は、実生後代検定林での成績を基にした不良産地・家系及び実生採種林内での不良個体を間伐して除去することにより完成しました。また、実生後代検定林と実生採種林では優良候補木を選抜しました（図Ⅲ·ⅰ·7）。bのオーストラリアからの種子による育種集団も育種の進め方は、aと同様です。

(ウ)育種で得られた成果

最初に着手したユーカリグランディスでは、1996（平成8）年に実生採種林から種子生産を開始し、2000（平成12）年に国立種子検査管理研究所から改良種子として認定されました（図Ⅲ·ⅰ·8）。この種子による改良効果は、樹高で4%、胸高直径で11%の増加と推定されました。2000～2002年に選抜したa及びbの優良候補木は521個体で、aとbの

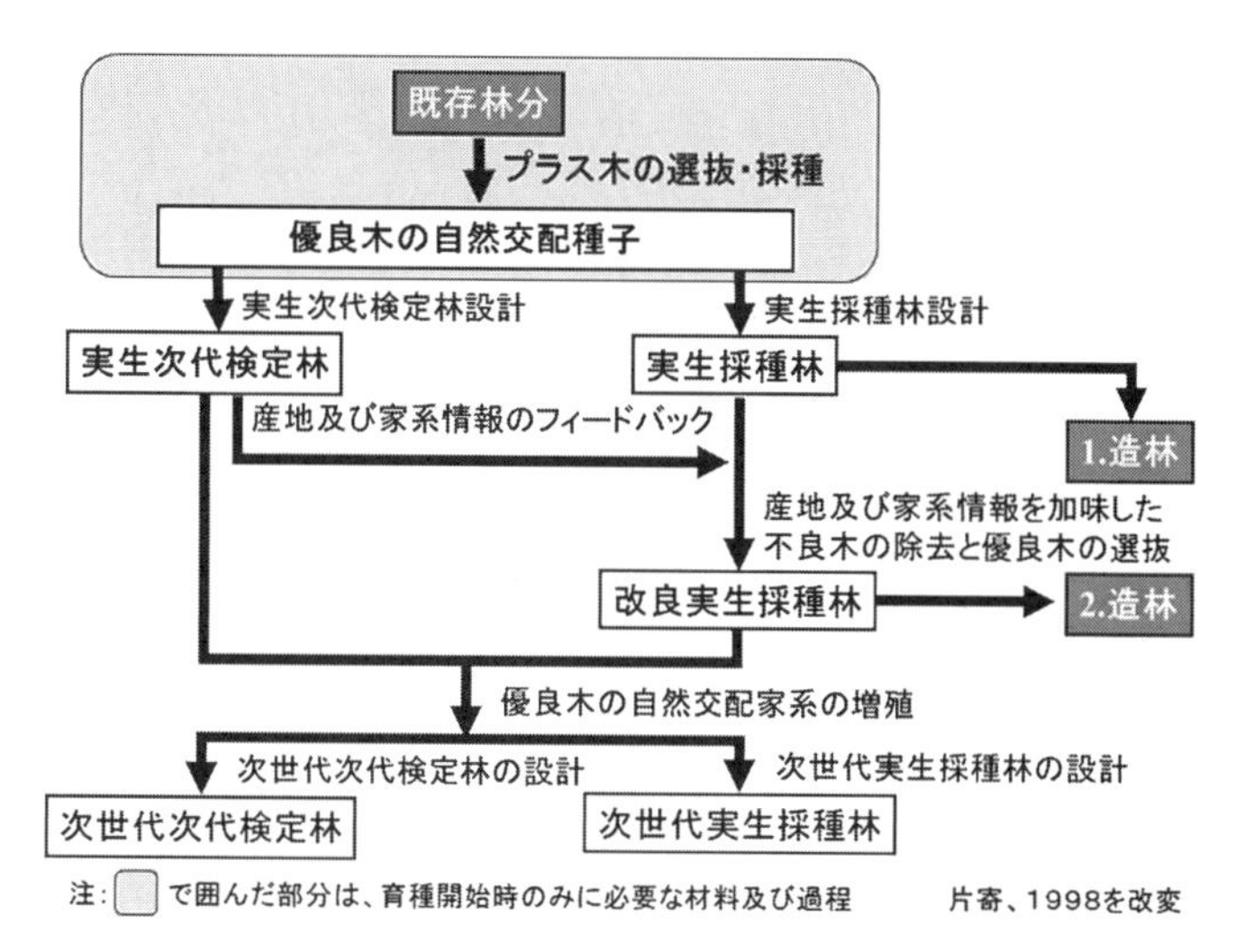

図Ⅲ･1･7　ウルグアイにおけるユーカリの育種の進め方

図Ⅲ･1･8　ユーカリグランディスの実生採種林（8年生時）

区別をせずに自然交配家系を用いて次世代実生採種林を造成しました。

ＩＮＩＡは、本プロジェクトにより基盤整備されたユーカリ属実生採種林の次世代化を推進し、プロジェクト終了10年後には、ユーカリグランディスの国産改良種子が市場の半分程度を占める等、ＩＮＩＡによる改良種子生産は軌道に乗り、造林に大きく寄与しています。また、移転された技術等を活用してマツ属を対象樹種とした林木育種活動を展開し、林業生産者からの期待も高まっています。

③インドネシアにおける林木育種技術協力

インドネシアでは、１９８６（昭和61）年に始まった産業造林政策によって、１９９０年代には大規模な産業造林地が造林企業によって造成され、それらの植栽樹種はアカシア・マンギウム（*Acacia mangium*）を中心とした早生樹種でした（1997 Turnbull et al.）。このような状況を背景にインドネシアでの林木育種技術協力は、１９９２～２００２（平成４～14）年まで、ＪＩＣＡの国際協力案件としてインドネシアバイオテクノロジー林木育種研究所の職員と共に実施されました。

ＪＩＣＡプロジェクトは通常5年単位で実施されます。幸いにもこのプロジェクトは2期、

10年間にわたり継続することができたのですが、プロジェクト目標である「育種改良種子源の造成によるインドネシアの産業造林への寄与」を短期間で実現するために、遺伝的改良と並行して改良種子の生産と種苗の普及を進める育種計画が策定されました。

本プロジェクトの育種対象はアカシア・マンギウム、アカシア・クラシカルパ（*A. crassicarpa*）、ユーカリ・ペリタ（*Eucalyptus pellita*）等の早生樹種を含む7樹種です。第1世代の実生採種園は、種子産地ごとに育種分集団を形成し、プロジェクトに協力する各造林企業の植林地内に造成しました（6地域、37箇所）。なお、種子は各樹種の天然分布域から採種され、管理されているものをオーストラリアのＡＴＳＣ（オーストラリア林木種子センター）から購入しました。本項では、プロジェクト終了期間までに、次世代化が終了したアカシア・マンギウムについて紹介します。

アカシア・マンギウムの実生採種園では、成長等の調査結果に基づいて不良木を間伐除去し、種子生産が始まる実生採種園造成後4年目までに、間伐により残す優良個体の本数を植栽本数の約15％にしました。これらの残存木（間伐により残した優良木）からは遺伝的に改良された種子が生産され、実生採種園を造成した各地の造林企業が自家植栽に用いると共に、余剰種子の売却も行われました。各造林企業は各々の実生採種園から収益を上げたことによって、その後

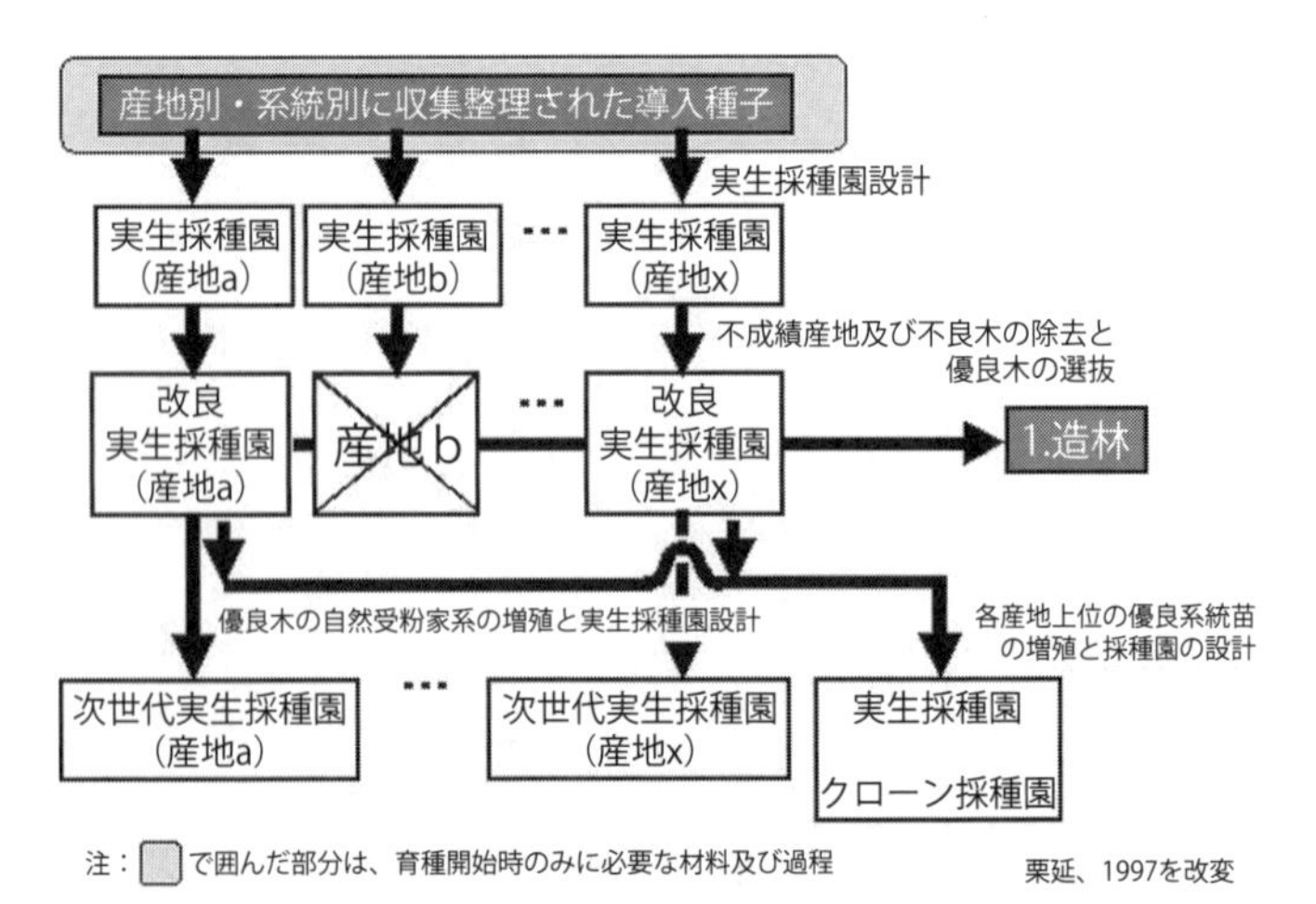

図Ⅲ·1·9　インドネシア林木育種技術協力での育種の進め方のフロー図

の育種プログラムの推進に積極的に協力するようになりました。次世代化にあたっては、植栽本数に対して約３％の優良候補木を選抜し、植栽後５～６年目にかけて、優良候補木から自然交配種子を採種し、２００１（平成13）年に第２世代実生採種園を造成しました（２００６千吉良）。

第１世代の実生採種園の遺伝率と選抜差から推定された改良効果は、幹材積で約20％でした。実際の測定値に基づく植栽１年目の改良効果は、樹高、胸高直径、通直性及び多幹性の形質の順に、それぞれ３·１％、５·２％、４·３％及び０·５％で、材積に換算すると約13％でした

(2004 Nirsatmanto et al.)。

なお、第3世代以降には、種子産地間で一部の優良系統を相互に交換し合うことで近交度の上昇を防ぐ計画です。このような、育種分集団の運用の仕方については、日本のスギなどの第2世代以降の育種計画にも影響を与えました。

④中国における林木育種技術協力

(ア)対象樹種及び育種方法の選定と背景

中国での林木育種技術協力は、JICAの技術開発プロジェクトとして、湖北省では1996~2008(平成8~20)年まで12年間、安徽省では2001~2008(平成13~20)年までの7年間にわたって行われました。

湖北省では、省内で基本的な林木育種技術の向上が求められていることを背景に、同省の主要造林樹種であるバビショウ(*Pinus massoniana*)、コウヨウザン(*Cunninghamia lanceolata*)を対象とした集団選抜育種、ポプラ属樹種を対象とした導入育種、ユリノキ属樹種を対象とした交雑育種、サッサフラス属樹種等の希少樹種を対象とした遺伝資源の評価と保存技術と広範な技術移転が行われました。安徽省では、当時、省内の森林の40%以上を占めるマツ林にマツノザイセンチュウによる被害が広がったことを背景に、日本で先進的に行われてきたマツノザイセンチュウ抵抗性育種に関わる技術移転が行われました。

(イ)育種方法、産地試験林、クローン試験地の設定等

主な対象樹種の育種の進め方は、図Ⅲ・1・10のとおりです。集団選抜育種、交雑育種、抵抗性育種等、日本で行われている林木育種を基本に技術移転が行われました。

(ウ)育種で得られた結果

両省において、基本的な林木育種技術が技術の理論的な背景を含めて多くの若い研究者・技術者に移転されたほか、湖北省では、コウヨウザンの育種区の設定や第2世代採種園の造成、バビショウの材質(繊維長)優良クローンの選抜のための次代検定林の造成、ユリノキの遺伝的多様性の評価や無性繁殖技術の開発等の成果が得られました。安徽省では、プロジェクト期間中に1000個体以上のバビショウのマツノザイセンチュウ抵抗性候補木が選抜され、プロジェクト終了後にこれらの中から抵抗性個体が確定されています。

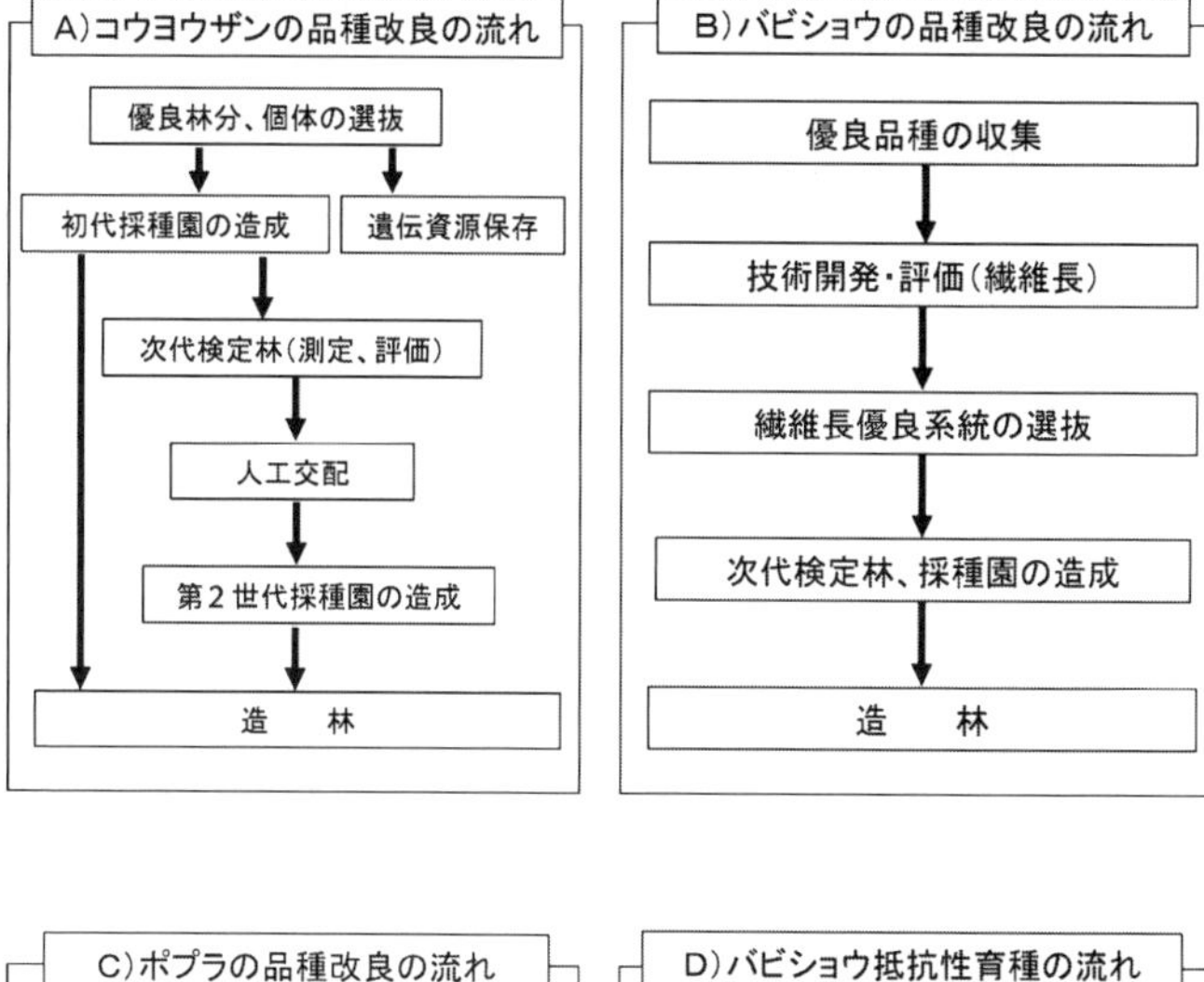

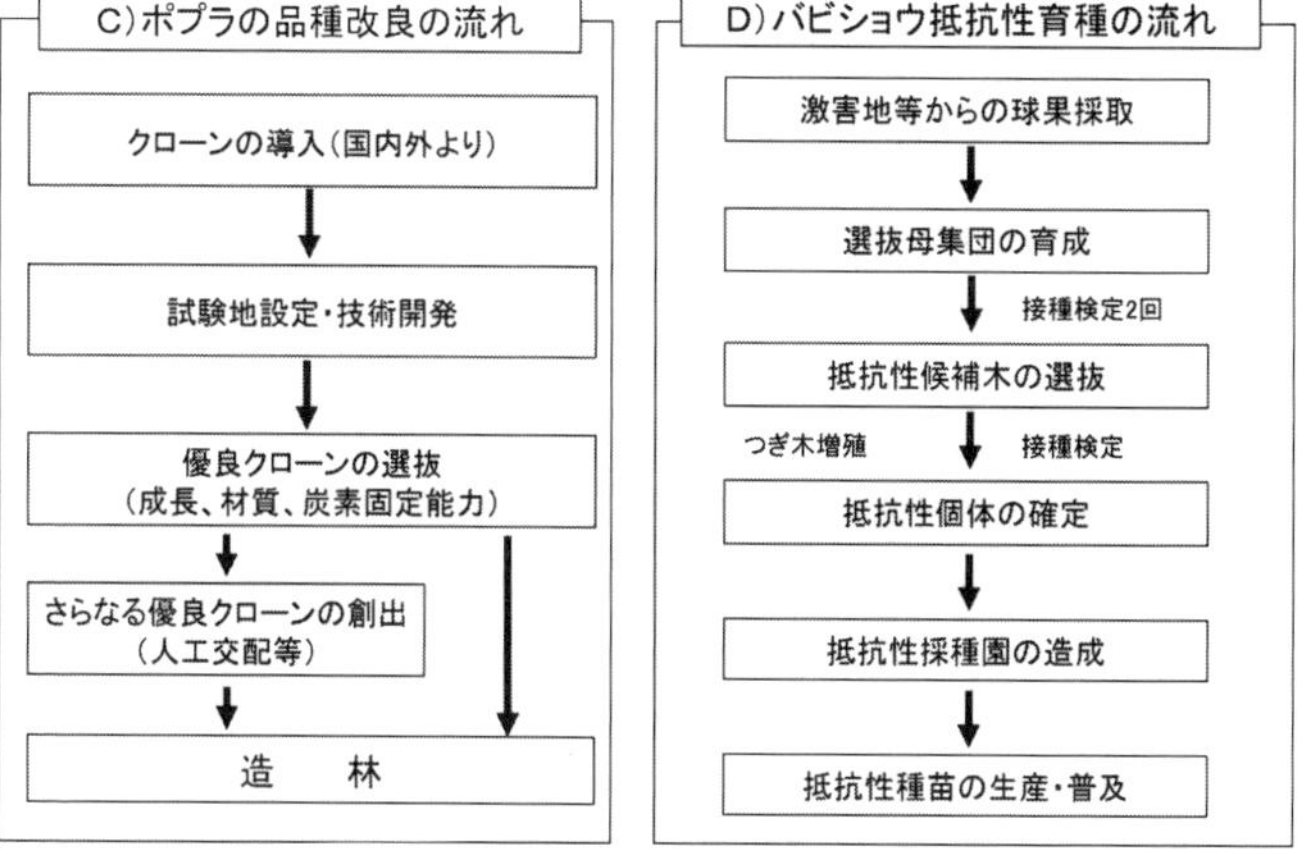

図Ⅲ・1・10　樹種ごとの育種の進め方

A)〜C) は湖北省、D) は安徽省

図Ⅲ・1・11　ポプラ属試験地（湖北省）2006年12月

図Ⅲ・1・12　抵抗性候補木のつぎ木（安徽省）2008年３月

⑤ケニアにおける林木育種技術協力

(ア)育種対象樹種及び育種方法の選定と背景

ケニアは、乾燥及び半乾燥地（ASALs：Arid and Semi-Arid Lands）が国土面積の80％を占め、森林面積は約６％です。ASALsの気候は、年間を通して暑く、年間降水量は１５０～７５０㎜です。干ばつが頻繁に起こり、気候変動の影響を受けやすい国の一つと考えられています。そのような背景の中、これまでに林野庁及びＪＩＣＡは、35年以上にわたってケニアにおける社会林業支援プロジェクトを行ってきました。

育種対象樹種は、これまでのプロジェクトの成果から、ケニアでの社会林業の発展に適していると考えられる郷土樹種のセンダン科のメリア（*Melia volkensii*）とマメ科のアカシア（*Acacia tortilis*）です。メリアは、成長が早くて耐蟻性が高く、伐期は15年です。メリア材は品質が高く、建築用や家具用として用いられています。アカシアは、メリアよりも乾燥が厳しい地域にも生息していて、主に薪炭材や家畜用飼料として用いられています。郷土樹種の両種は自生地からのプラスツリー（優良個体）の選抜が可能であることから、育種方法は集団選抜育種法を選択しています。

(イ)育種方法、次代検定林の設定、第2世代の選抜等

育種の取組は、図Ⅲ・1・15のとおりです。つぎ木によるクローン増殖が可能なメリアは、プラスツリーのクローンを用いた第1世代採種園を2箇所設定し、アカシアはプラスツリー由来の種子による実生採種林を2箇所設定しました。続いて、メリアにおいては、遺伝的多様性の解析結果に基づいて、地域間の遺伝的分化に配慮しながら12箇所の次代検定林を設定し、そこから400本の第2世代プラスツリーの選抜を行いました。2023（令和5）年時点では、第2世代プラスツリーのクローンによる第2世代採種園の設定に着手しています。

(ウ)育種で得られた結果

メリア第1世代採種園は、設定3年後から本格的な種子の生産が始まり、年間200万本以上の育種種苗の供給体制が構築されました。さらに、種子配布のガイドラインを作成し、優良種苗の供給体制の構築に取り組んでいます。このことは、2010（平成22）年に制定されたケニア国の新憲法における気候変動対策の森林被覆率向上の目標達成に対して大きく貢献していきます。

ケニアにおけるプロジェクトは、3期15年間を予定しており、2027（令和9）年まで活

図Ⅲ･1･13　メリア検定林（7年生）

図Ⅲ･1･14　アカシア採種林（7年生）

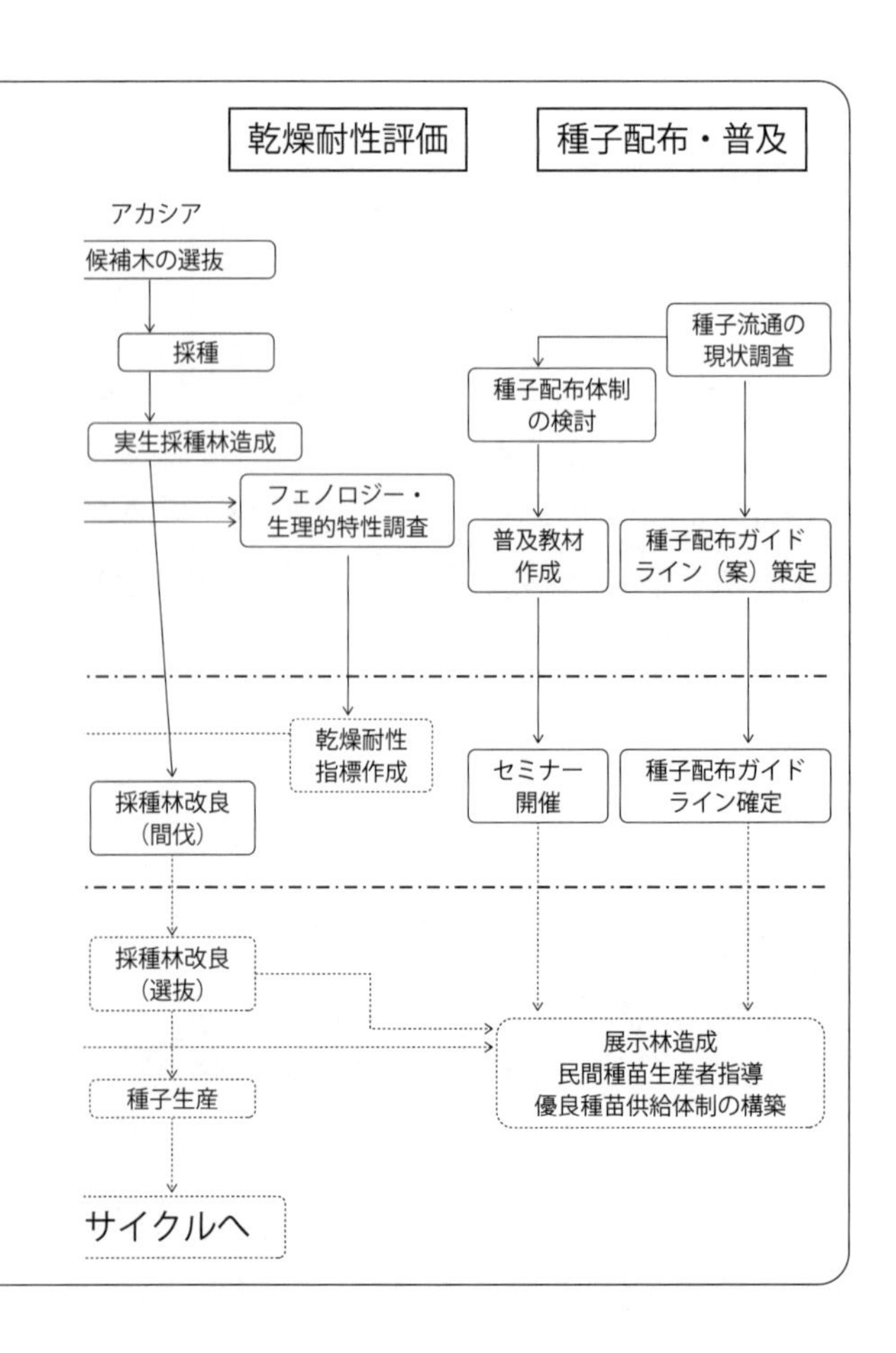
乾燥耐性評価
種子配布・普及
アカシア
候補木の選抜
採種
実生採種林造成
フェノロジー・
生理的特性調査
乾燥耐性
指標作成
採種林改良
（間伐）
採種林改良
（選抜）
種子生産
サイクルへ
種子流通の
現状調査
種子配布体制
の検討
普及教材
作成
種子配布ガイド
ライン（案）策定
セミナー
開催
種子配布ガイド
ライン確定
展示林造成
民間種苗生産者指導
優良種苗供給体制の構築

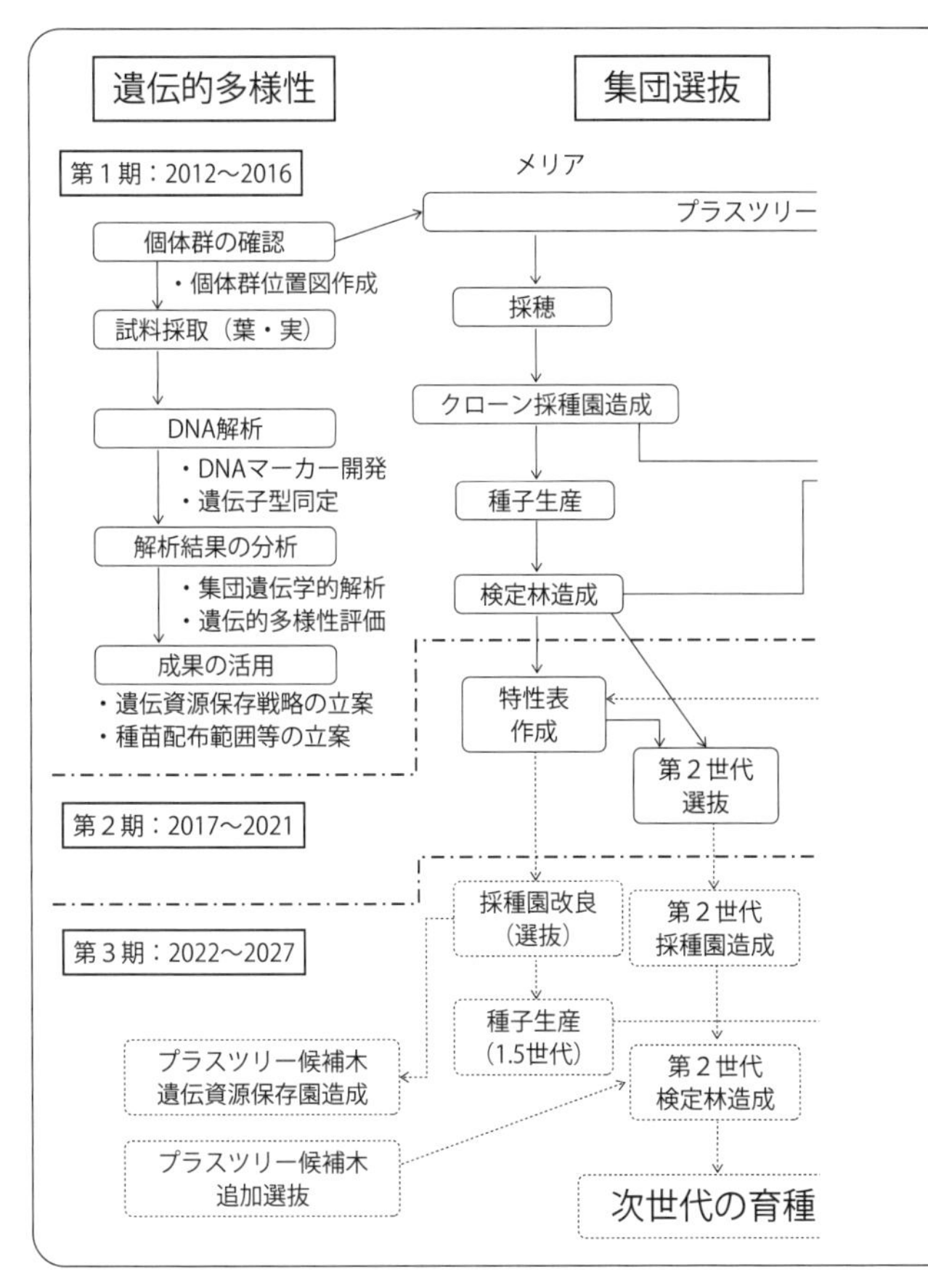

図Ⅲ･1･15　ケニアにおける林木育種の取組

動を計画しています。技術協力プロジェクトの本義であるケニア森林研究所における人材育成、研究能力の向上及び林木育種事業実施体制の構築等の成果として、ケニアの方々自身による郷土樹種の植林が促進されて、より生産性の高い社会林業の確立につながることを期待しています。

⑥ベトナムにおける林木育種技術協力

ベトナムでは、アカシア・マンギウムとアカシア・アウリカリフォルミス（*A. auriculiformis*）の種間雑種（以下、「アカシア種間雑種」）の植栽面積が増加しています（2017 Kha and Thinh）。

本技術協力が開始されるまでは、両種の自然交配由来の個体群の中からアカシア種間雑種の優良個体が選抜され、それらのクローン苗木を増殖して造林に用いられてきました。ベトナムでは、わずか10クローン程のアカシア種間雑種で国内の大部分の造林需要を賄っているとされています（2012 Kha et al.）。これらのクローンは、病害感受性が低いことも期待されていました。しかし、近年拡大し始めた *Ceratocystis* 属に起因する病害（2011 Tarigan et al.）に関しては、発生率がアカシア・マンギウムと同等であることがベトナム中南部での調査で確認されています（2016 Quang et al.）。

林木育種センターでは、アカシア種間雑種の人工交配に関する研究を２００６～２０１０（平成18～22）年にかけて西表熱帯林育種技術園で実施し、既存の人工交配技術に比べて効率的にアカシア種間雑種を創出できる目途が立ちました。開発した人工交配技術の実証研究として、２０１３～２０２２（平成25～令和４）年までの期間、民間の製紙会社と共に、ベトナムで優良なアカシア種間雑種クローンの開発に取り組みました。

この取組は大きく次のａ～ｄの段階に分けることができます。

ａ．３年間の人工交配で得たアカシア種間雑種苗（13家系、４２２本）を用いて、実生試験林を順次３箇所造成。
ｂ．植栽後３年目以降に実生試験林から優良個体（７家系、21本）を選抜。
ｃ．優良個体をさし木増殖し、対照の既存クローンと共に４箇所のクローン検定林を造成。
ｄ．クローン検定林の植栽後３年目までの成長量などの調査結果を解析し、優良クローン（５クローン、３家系）を確定。

本項執筆時点では、２０２１（令和３）年に先行して確定した優良１クローンを採穂園に植栽して約２年が経過しており、順調に生育しています。採穂園造成と並行して、小規模造林地を造成して事業化が可能と判断された優良クローンは、一般植林事業での使用が開始される

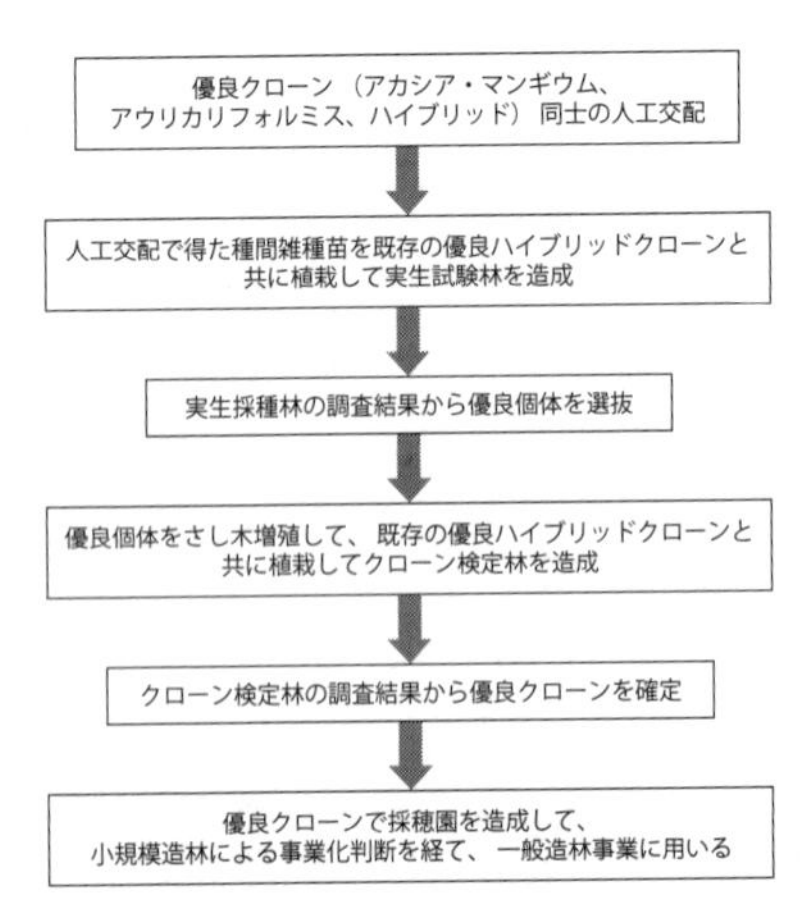

図Ⅲ・1・16　ベトナムのアカシア種間雑種に関する育種の進め方のフロー

見込みです。なお、アカシア種間雑種は一般的に成長が早く、さし木発根率も高いため、増殖開始後数年で数百万本のさし木苗生産も可能です。

また、開発した優良クローンの中には、既存の優良なアカシア種間雑種にアカシア・アウリカリフォルミスを戻し交雑したクローンも含まれています。アカシア・アウリカリフォルミスは、ベトナム中南部において*Ceratocystis*属に起因する病害発生率が少ないとの報告（2016 Quang et al.）があることから、開発した優良クローンが病害に強いことも期待しています。

2．林木育種に関連する新たな知見・技術

(1) 林木育種のスピードアップ

「林木育種のスピードアップ」では、品種改良のスピードアップに関する最新の取組について、その概要を紹介します。本書で繰り返し述べてきましたが、林木育種においては改良に要する時間を短縮することが大きな課題となってきました。このため、時間短縮のためにゲノム情報を調べて、そこから得られる知見を活用しようとしています。後述「①～⑦」の各項の内容は、初めての方にとっては大変難しく感じると思います。それぞれの項の前に概要を記しましたので、理解の手掛かりにしながら、各項を読んでいただきたいと思います。

①ゲノム情報を活用した育種

「ゲノム」とは生物がもつ遺伝子（遺伝情報）全体のことをいいます。本項では、ゲノム情報を調べることが、なぜ時間短縮につながるのか、その基本的な考え方について述べま

す。これまでの林木育種では、時間をかけて樹木の生長を観察して、特徴のある形質（優れた形質）を有するものを選抜してきました。それに対して、ゲノム情報と実際に観察した形質の関係性を明らかにすることを通してゲノムを読み解くことで、また、幼木の段階でゲノムを調べることで、特徴のある形質（表現型）を有するクローンを選抜できる方法の考え方について説明します。

(ア)設計図としてのゲノム

我々ヒトやその他の動物、イネなどの作物や林木、その他の植物といった生物の体は、細胞内の核にあるＤＮＡの情報に基づいて形作られています。ＤＮＡはアデニン（Ａ）、チミン（Ｔ）、グアニン（Ｇ）、シトシン（Ｃ）の四つの「塩基（えんき）」の配列が対になって構成され、例えば、スギでは約１００億もの塩基対が並んでいます。こうしたＤＮＡのすべての遺伝情報を「ゲノム」といいます。ＤＮＡの一部分はタンパク質を作るための塩基配列（遺伝子）となっており、遺伝子の配列はＲＮＡ（Ａ、ウラシル（Ｕ）、Ｇ、Ｃから構成される塩基配列を持つ物質〈リボ核酸〉）に写しとられ（転写）、それを基にタンパク質が合成されます（翻訳）。合成されたタンパク質の働きにより、生物は自分の体を作るほか、様々な生理活動を行います。さらに、ＤＮＡは親から子に受け継がれ、その特徴や性質が遺伝します。

「Ⅱ章 3．林木育種の基礎」で述べたように、林木育種には長い時間がかかるため、より優れた系統や品種を早期に創出するためには育種年限の短縮が必要です。林木育種が長期にわたる理由の一つは、林木の特徴や遺伝的な性質（形質）を見極めるのに一定の生育期間が必要であることが挙げられます。例えば、成長の速さ、材質の良し悪し、生産する花粉の多寡等の形質は、個体が大きくなるまで不明です。しかし、もし生物の設計図であるゲノムを読み解くことができれば、たとえ芽生えたばかりの小さな苗木でも、将来どのような形質をもつ個体かがわかり、優良な個体が選抜できるかもしれません。

(イ)ゲノムを読み解いて育種を行う

林木において、どの遺伝子がどの形質に関与しているのか、現状ではそのほとんどが未解明です。ゲノム情報を育種に利用するためには、こうした遺伝子と形質との対応関係を明らかにする必要があります。ただし、ゲノムの情報量はあまりに膨大なため、特定の形質に関与する遺伝子を探ることは簡単ではありません。また、形質ごとに寄与する遺伝子の数が異なります。

例えば、「Ⅱ章　3・(2)③(ア)」で紹介した無花粉スギは、花粉形成に必要な遺伝子の一つに突然変異が生じて塩基配列が変化し、正常に機能しなくなった結果、花粉が形成されません。この場合、無花粉形質に関与する遺伝子は1個です。

一方、成長や材質に関する形質の決定には多数の遺伝子が関与し、形質に対する遺伝子の寄与の仕方はより複雑なものとなります。

形質とゲノム情報との対応関係を読み解くためには、まず個体間のゲノムの違いを読み取る必要があります。ただ、ゲノムの塩基配列をすべて読み取ることは大変なため、ゲノム上のDNAの変異を部分的に可視化する「DNAマーカー」を、高密度かつ網羅的にゲノム上に配置し、形質（花粉の有/無や、成長が速い～遅い等）の異なる多数の個体のDNAマーカーの変異をできるだけ詳細に捉えます（図Ⅲ・2・1）。これら個体間のDNAマーカーの変異と形質の違いを合わせて解析することで、形質の違いに関与するDNAマーカーを特定します。もし、特定されたDNAマーカーが形質に関与する遺伝子そのものであれば、遺伝子と形質の対応関係が捉えられたことになります。また、そうでなくても、特定されたDNAマーカーは形質に関与する遺伝子の近傍にある可能性があり、その場合はDNAマーカーを利用した優良個体の選抜が可能になると期待されます。

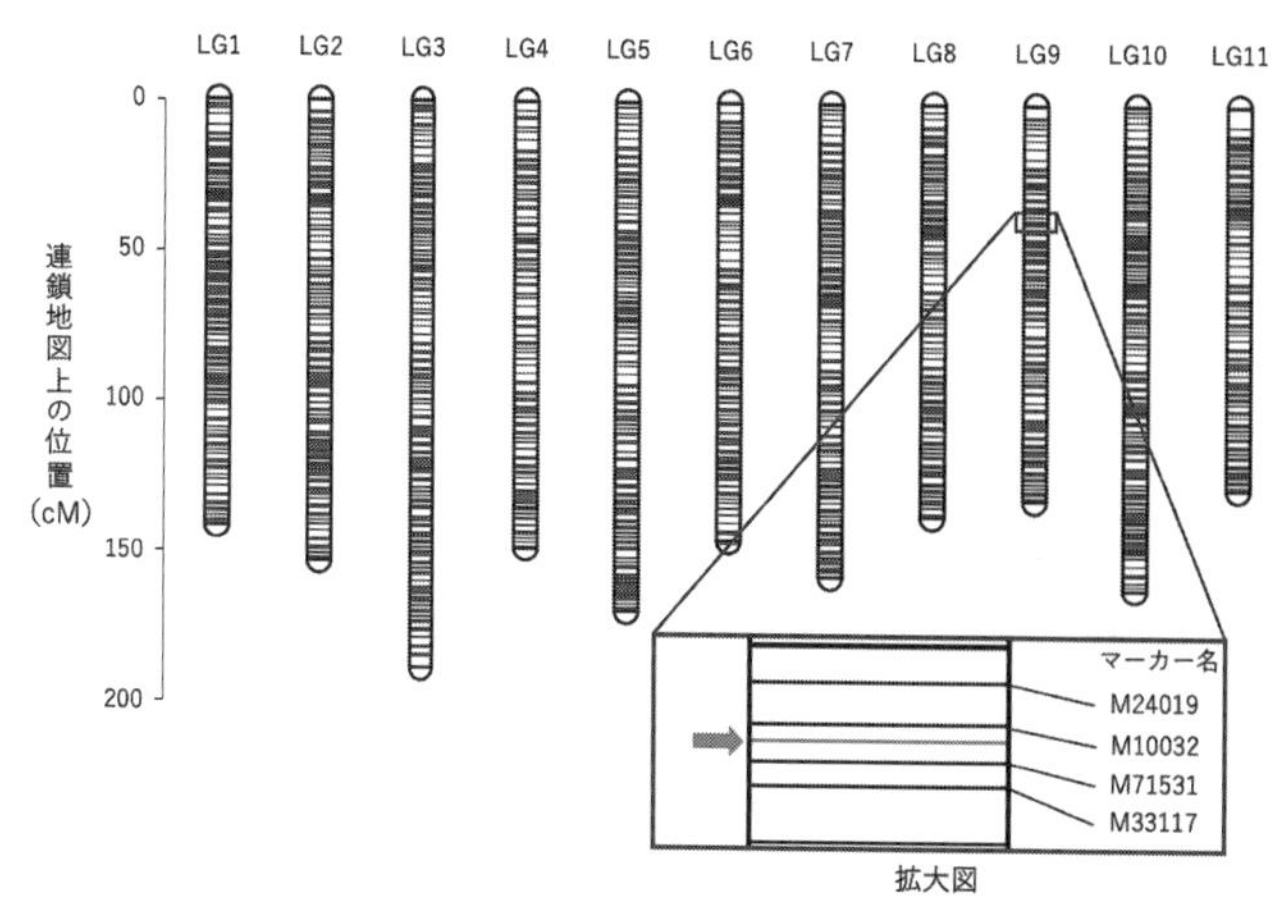

図Ⅲ･2･1　高密度連鎖地図の模式図

図中の縦長の図形は連鎖解析で得られた連鎖群（LG；相同染色体に対応）を示す（スギを想定し、相同染色体は 11 対としている）。連鎖群の中の横線は連鎖地図における DNA マーカーの位置を表し、拡大図に示すようにそれぞれ異なるマーカー名を持つ。拡大図の矢印で示した、ある形質の原因遺伝子がその近傍の DNA マーカー（ここでは M10032 や M71531）と強く連鎖していた場合、これら DNA マーカーの遺伝子型を調べることで、対象個体がその原因遺伝子を保有するかどうかを調べることができる。

現在、こうした育種にゲノム情報を利用する試みや、遺伝子から転写されるRNA量（遺伝子発現量）から生理活動の詳細を捉える試みといった研究が、林木を対象として盛んに行われています。以降ではこれらについて紹介していきます。

②ゲノム情報基盤の整備

針葉樹のゲノムは非常に巨大な場合が多いため、ゲノム情報を効率的に活用するためには、全体を見渡せる地図が必要です。ゲノム情報基盤の整備は、いわば巨大なゲノムの地図を整備することに譬えることができます。本項では、ゲノム情報を活用した育種を可能とするための基盤情報である、ゲノム情報の樹種別の把握状況や把握方法について紹介します。

ゲノム（genome）とは、遺伝子（gene）と総体（-ome）を合わせた言葉であり、生物が持つ遺伝子（遺伝情報）の全体を意味します。林木の育種分野だけでなく、家畜や作物の育種も含め、優良な個体や系統を効率的かつ効果的に選抜するためには、個体や系統間の表現型変異の原因となる遺伝的な変異を特定する必要があり、そこでゲノム情報は必要不可欠な基盤情報となっています。近年、ゲノム配列を高速かつ大量に読み取る「次世代シーケンサー」や、より長く配列を読み取ることができる「ロングリードシーケンス技術」の著しい向上に伴い、超巨大なゲノムを持つ針葉樹（約100－250億塩基対、イネゲノム〈約4億塩基対〉の約25～50倍以上）においても、ゲノム情報を取得し、その情報を利用したゲノム育種が実現可能になってきました。ここでは、スギをはじめとした育種対象樹種において、現在までに構築されているゲノム情報について紹介します。

前段で述べたように針葉樹のゲノムサイズは非常に大きく、また繰り返し配列などを多く含む複雑なゲノム構造を持っています。この巨大かつ複雑なゲノムについて、2013（平成25）年にヨーロッパトウヒ（*Picea abies*）のゲノム解読（Nystedt et al. 2013）を皮切りに今日までにいくつかの針葉樹においてゲノム解読が行われてきました。日本の育種対象樹種については、スギ、ヒノキ、カラマツのゲノムが解読されており、最近、新たな造林樹種の候補として注目されている中国原産のコウヨウザンについてもゲノム解読が行われています。このゲノム解読には一度に2000塩基程度の配列を大量に読むことのできるロングリードシーケンス技術（PacBio®ロングリードシークエンシング）が利用されており、現在までに、スギでは約92億塩基対、ヒノキは約85億塩基対、カラマツは約135億塩基対、コウヨウザンでは約115億塩基対のゲノム配列が決定されています（Shirasawa et al. 2022）。さらに、現在でもロングリードシーケンス技術は技術的向上が図られており、今後もその技術を適用することで、スギやヒノキよりもさらに巨大なゲノムを持つクロマツやアカマツ（250億塩基対以上と考えられている）を含め、すべての造林樹種でゲノム解読が行われることが予想されます。

ゲノムDNAの塩基配列上には生物の発生、生育、代謝などの重要な生物学的プロセスに関与する領域が存在します。いわゆるそれらはタンパク質の設計図となる遺伝子領域であり、転写という生物学的プロセスを経て、発現遺伝子（EST: expressed sequence tag, cDNA: complimentary DNA）として機能しています。スギをはじめとして、多くの育種対象樹種において次世代シーケンサーやロングリードシーケンス技術を利用して様々な組織や器官から発現遺伝子の情報が収集されています。例えば、スギでは形成層などの木部組織、シュート（1本の茎とその茎に付く葉のまとまり）、雄花、雌花、根などの組織から合計で約3万5000の遺伝子配列情報が収集されています（Mishima et al. 2018）。カラマツも同様に形成層や枝の木部組織、葉から約5万の遺伝子配列情報が（Mishima et al. 2022）、さらにクロマツでは木部や針葉部を中心に約3万の遺伝子配列情報が収集されています（Hirao et al. 2019）。収集された発現遺伝子の配列情報は、遺伝子発現解析やゲノムＤＮＡ上での遺伝子の位置と遺伝子領域の特定、そしてゲノム編集などの応用的な技術、さらに、次に述べる遺伝的変異の検出において必須の情報となります。

スギをはじめとする育種対象樹種の遺伝的変異情報については、これまでに遺伝子上の１個の塩基の違いである一塩基多型（Single Nucleotide Polymorphism, SNP）や小規模な塩基配列の挿入（insertion）、もしくは欠失（deletion）の変異を中心に収集されてきました。前述のように針葉樹のゲノムサイズが巨大であることからゲノムＤＮＡ上の変異を網羅的に検出するためには、多額の予算と労力を必要とします。

一方で、発現している遺伝子をターゲットにした遺伝的変異の抽出は、ゲノム中の不要な配列が除去され、生物学的な機能に直結する配列のみをターゲットにできる効率的かつ効果的な方法です。この発現遺伝子をターゲットとして、スギでは複数個体から遺伝子情報を取得して、それらを比較することで、約60万個の一塩基多型が検出されています（Mishima et al. 2018）。他の樹種についても、同様のアプローチで遺伝的変異の検出が現在進められています。

以上のゲノム基盤情報をもとに、「遺伝子発現解析」や「マーカーアシスト選抜（Marker Assisted Selection; MAS）」、「ゲノミック予測（Genomic Prediction）」などと呼ばれるゲノム情報を活用したゲノム育種が行われています。詳細については、次項「④〜⑥」を参照してください。

③マーカー開発

　巨大なゲノムを効率的に探索するためには、いわば地図上に目印があると便利です。目標としている形質の遺伝子の近傍に目印（マーカー）を見つけることができれば、そのマーカーを調べることで、実際の形質がどのようになるか推定することが可能になってきます。本項では、形質に特徴のあるクローンのゲノム上で他のクローンとは異なった（変異）塩基配列の部分を探し、それらがその形質に関連しているかを明らかにし、それらを特徴ある形質を生み出した変異の目印、すなわちDNAマーカーと呼び、その開発をマーカー開発といいます。DNAマーカーには様々な種類があります。本項では、近年利用されている主要なDNAマーカーの一つである「マイクロサテライトマーカー」について説明します。

林木育種では、〝マーカー〟の用語は、現時点で「DNAマーカー」を指すことが多く、DN

Aマーカーは、あるクローンの特徴を別のクローンと区別することを目的に開発・利用されます。

DNAマーカーの開発は、まずDNAのどの領域を〝標的〟とするか決定し、次に標的とした領域を適切かつ簡便に分析できる手法を検討するまでが含まれます。これまでに数多くのDNAマーカーが提唱される中、育種に最も貢献したマーカーの一つに、DNA中の「マイクロサテライト領域」を標的とした「マイクロサテライトマーカー」があります。本マーカーは、植物では「SSR」、動物では「STR」と呼ばれることもあります。マイクロサテライト領域とは、A・C・G・Tの4塩基が様々に並ぶDNA塩基配列の中で、特に1～8塩基を一つの単位（モチーフ）として繰り返す領域（配列）のことです。この繰り返し配列（反復配列）は、繰り返し数に突然変異が生じやすいことが知られており、繰り返し数はクローンによって異なることが多いです。複数のマイクロサテライト領域を組み合わせて分析することでクローン特有の繰り返し数の組み合わせが判明し、これによりクローンを別のクローンと区別できます。さらに、この領域をマーカーとすることで親子鑑定も可能であることもこの領域をDNAマーカーとして利用する魅力です。

マイクロサテライトマーカー開発の実験操作はやや煩雑であり、開発のための予算も必要となります。マイクロサテライトマーカー開発で最も重要な点は、ゲノム中に数多く存在するマイクロサテライト領域からマーカーとして利用する標的を選択する「スクリーニング」です。スクリーニングとは〝篩い分け〟を意味し、数多くの候補となる標的から目的や分析に最適な領域を選び出すことです。これまで報告されているマイクロサテライトマーカーの中には、再現性や分析結果の鮮明さに難があるものも含まれており、マーカーとしてのクオリティへの配慮が不十分なものがあることから、利用する前に確認が必要です。ただし、クオリティが確認されたマイクロサテライトマーカーの分析自体はPCRを行い、電気泳動（水溶液中などのDNA断片に電圧をかけて移動させ、その断片の長さで分離すること）するだけであり、極めて簡便です。かつては電気泳動に必要となる高価なシーケンサーを保有していなければ分析が難しかったものの、現在は電気泳動を専門の企業に委託することも可能です。

育種分野では、数千単位の個体を分析する事例も多く、マーカー開発とは、一般的な標的となるDNA領域の選択と分析法の検討だけでなく、DNAまたはRNA単離から分析まで、目的を達成するための流れを分析費用と労力を考慮してシステム化するまでを含みます。分析結果に基づく解析にも配慮が必要です。現在は、フリーの解析ソフトも数多く公開されており、これらは高度な専門知識を要しない場合が多いものの、「メンデル遺伝」はもちろんのこと、突然変異のメカニズムや集団遺伝学的知識の基礎程度は理解して使用することが望ましいです。民間企業の中にはＤＮＡ抽出から解析まで請け負い、結果のみを顧客に返却するサービスも存在します。

マイクロサテライトマーカーが林木育種において利用されるようになって10年以上が経過しました。現在は、次世代シーケンサーを利用したＤＮＡマーカーや、遺伝子の発現情報を利用した発現マーカーなど、最新のマーカーが林木育種分野でも広く一般的に利用され始めました。現在では新しいマーカーの開発・利用は高度な専門的知識を必要とするものが多くなっています。現在の最新のマーカーが林木育種に幅広く利用されるためには、専門家が専門外の人にも利用可能なように低コストで簡便な手法へと変換する必要があり、これらを含め「マーカー開発」と考えます。

④ＭＡＳ（Marker Assisted Selection）

開発した多数のＤＮＡマーカーを用いて解析を行い、形質との相関が高いマーカーを見出すことができれば、形質を直接調査せずにマーカーの分析結果に基づいて選抜することも可能になってきます。本項では、DNAマーカーを使って特定の形質を示すクローンを選抜する方法について説明します。

MASとは、DNAマーカーを利用して特定の表現型を示すクローンを選抜する手法です。マーカーの多くは表現型と関連するゲノム領域または遺伝子を標的とすることから、MASはDNAマーカーによって行われることが多くなっています。

MASを行う上で「連鎖」に関する知識は重要です。連鎖とは、二つの遺伝子が同一染色体上に座乗することを意味し、二つの遺伝子の距離が近いほど連鎖が強く、距離が離れているほど連鎖が弱いとされています。連鎖が弱い場合には、減数分裂時に遺伝的組換えと呼ばれる現象により、次世代において遺伝子の組み合わせが親世代とは異なることがあります。表現型と関連するゲノム領域と強く連鎖するのであれば、マーカー開発で標的とするゲノム領域は非遺伝子領域でも問題はありません。ただし、表現型を引き起こす原因遺伝子自体がマーカーとなるのであれば連鎖を考える必要性はなく、MASを行うには最適な標的といえます。

無花粉スギ「爽春」が示す「雄性不稔」は、交配実験からメンデル遺伝に従った「潜性遺伝（両親から受け継いだ二つの遺伝子のうち両方の劣性が発現すること。顕性遺伝に比べて形質が現れにくい)」であることが判明していました。「爽春」自体は精英樹ではなかったため、精英樹との交配によって改良が望まれたものの、まず精英樹と「爽春」を交配し、次に交配によって得られた次世代間同士の交配の2回交配を行う必要性がありました。しかも2回交配後に得られる実生苗のうち、雄性不稔個体は25％のみであることが予想されました。雄花の着花には少なくとも数年は要するため、交配によって得られた実生苗を一定期間生育させる必要性があります。

しかし、多数の個体を数十年程度育成させるためには広大なスペースが必要となります。加えて、雄性不稔が出現する確率を考慮すれば、検定する次世代の個体数が少ない場合、無花粉かつ、より優れた成長等表現型を示す個体が確実に得られる保証はありません。

そこで、求められたのが雄性不稔形質を示す実生苗のみを早期に特定できるＭＡＳの開発です。詳細は割愛しますが、分子遺伝学的解析を行うことで「爽春」の雄性不稔と関連する遺伝子が特定されました。特定された遺伝子が雄性不稔の原因遺伝子であるかどうかについては異論が多いものの、少なくとも原因遺伝子と強連鎖していることは間違いありませんでした。そこで、特定された遺伝子を標的として花粉形成を正常に行うスギ精英樹との比較から「爽春」特有の突然変異を同定しました。次に、その突然変異を検出できる分析法をコストや労力を含めて検討し、マーカー開発しました。マーカーが開発されたことにより、毛苗段階で雄性不稔個体だけをマーカーによって選別するMASが可能となりました。MASを可能としたマーカーは潜在的に雄性不稔を引き起こす遺伝子を保有する精英樹の特定にも活用されました。

「爽春」に関する事例は、日本の林木育種においてMASの威力が最も発揮された事例の一つです。しかし、「爽春」の雄性不稔は1遺伝子に支配され、表現型も正常型と雄性不稔とは明瞭に区別できました。一方で、成長や材質、雄花着花性などの育種対象となる表現型はいわゆるQTL形質(成長、材積、材質、抵抗性などの量的形質)であり、多数のゲノム領域が関与すると考えられており、単純なMASを行うことは難しい状況です。

最近では、数千のゲノム領域が関与していたとしても高度な統計解析からMASと同等の効果が得られる手法(例えば、「GWAS」や「ゲノミック選抜」)も提唱されています。

ただし、針葉樹においてMASやゲノミック選抜等を効果的に適用するためには、引き続き遺伝子の理解と情報の蓄積を行う必要があり、何よりも表現型を定量的に評価する手法が確立されなければ、精度の高いMASまたは同等の効果が得られる手法を適用することは困難です。

⑤ゲノミック予測

MASでは一つ、あるいは少数のDNAマーカーを用いて形質を予測し、選抜を行いますが、本項では、多数のDNAマーカーを分析し、分析した結果得られる「遺伝子型」の情報を使って特定の形質を予測して、優れた個体またはクローンを選抜する方法について説明します。形質には花粉ができる、できないなどの「質的形質」と成長やヤング率、雄花の量など定量的に測定ができる「量的形質」があります。ゲノミック予測は量的形質の選抜に適した方法です。

ゲノミック予測は、遺伝子型（ある生物の個体が持つ遺伝物質の組み合わせのことでAAやAaなどで表す）を用いて個体の表現型を予測する方法です。予測の結果に基づいて個体を選抜する場合、「ゲノミック選抜」と呼ばれます（Meuwissen et al. 2001）。林木は個体が成長し有用な形質を評価できるようになるまでに長い時間がかかります。一方、遺伝子型は同じ個体であれば芽生えの頃から基本的に変わることがなく、小さい苗木の段階で解析することができます。このため、ゲノミック予測は林木の育種期間を短縮するための有効な方法として期待されています。

ゲノミック予測を行うためには個体の遺伝子型と表現型の情報が必要です。遺伝子型はDNAに含まれる、個体間で差異のある箇所を解析することにより特定されます。多くの場合、ゲノムを網羅するように満遍なく特定した一塩基多型（SNP）が遺伝子型としてゲノミック予測に用いられます。表現型は樹高・胸高直径など成長に関するものや、ヤング率・材密度など材質に関連するもの、材の成分に関するもの、着花の程度に関するものなど目的に応じて様々です。このような多くの種類の形質は、定量的に測定できる形質で、「量的形質」と呼ばれ、数多くの遺伝子が関わり合って表現型に影響していると考えられています。一方、花粉の有無のような形質は、個体間で区別がつく定性的な形質で、「質的形質」と呼ばれ、比較的少数の遺伝子が表現型に影響していると考えられています。質的形質であれば、関連する少数の遺伝子型を判別することで目標の形質が選抜できる場合もありますが（前項「④MAS」参照）、量的形質は少数の遺伝子型で目標の形質を判別することが難しいと考えられています。そこで、量的形質を精度良く予測するために多数の遺伝子型を用いたゲノミック予測が期待されているのです。

このような遺伝子型と表現型の情報を用いて、両者の関係性を表す関係式（モデル）を作成します（図Ⅲ・2・2）。モデルの作成方法は様々ですが、典型的な方法の一つにゲノム育種価を

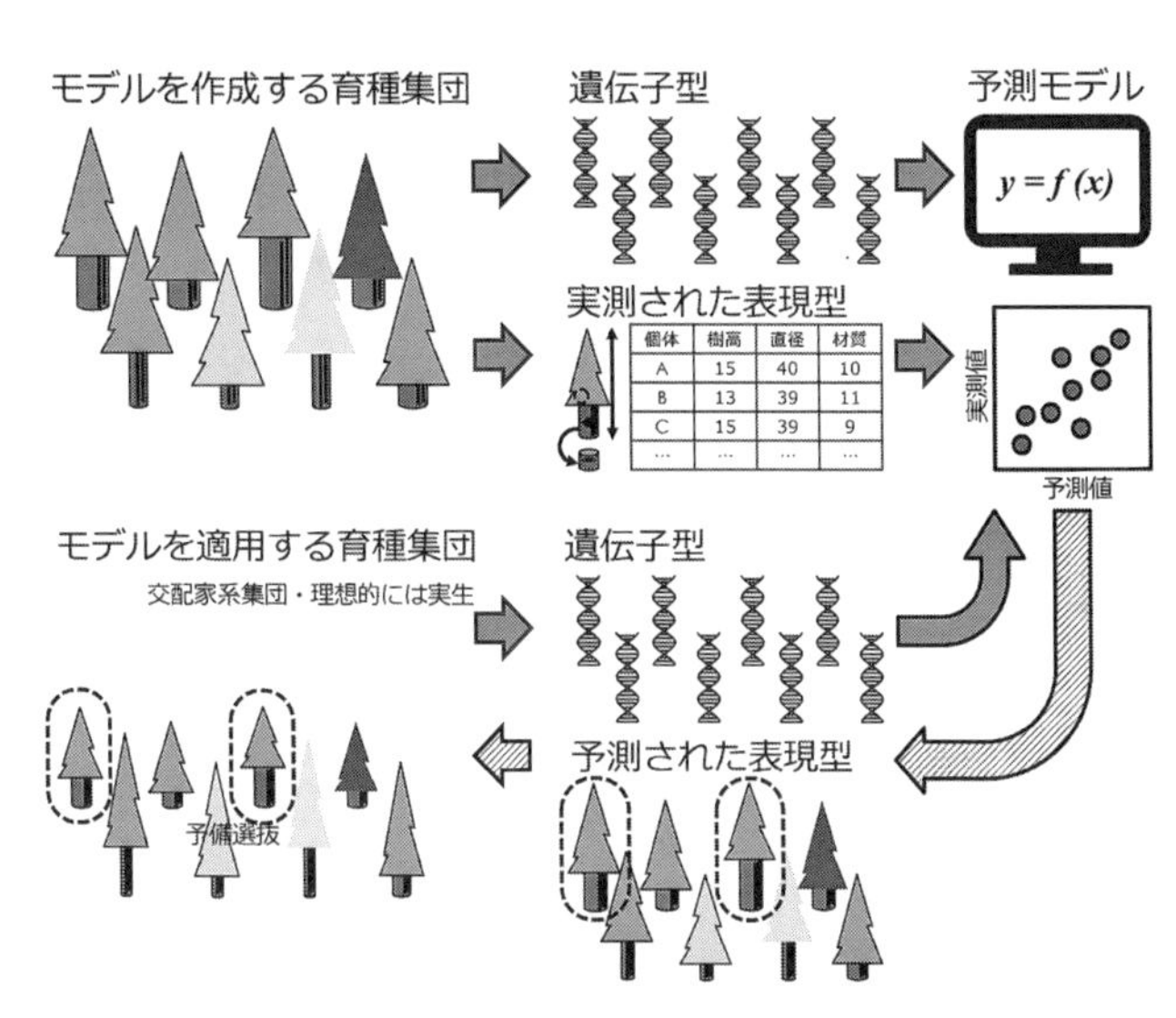

図Ⅲ・2・2　ゲノミック予測の流れ

用いる方法があります（平岡 2021に詳しい説明があります）。この方法は、候補個体やその親兄弟などの個体の血縁関係と表現型の情報から、個体の表現型が遺伝的にどの程度か（育種価）を推定する方法（「前方選抜」や武津 2021を参照）を応用したもので、遺伝子型から個体間の血縁関係を解析し、個体のゲノム育種価を推定するものです。

また、ランダムに抽出された訓練データによって学習した多数の決定木を利用して平均値を得る「ランダムフォレスト」や、ゲノム網羅的な遺伝子型のように非常に多くの説明変数がある場合にモデルの係数を適切に推定できる「リッジ回帰」などの方法も用いられています。最近では深層学習を用いたモデルの作成方法も提案されています。このようにしてゲノミック予測のモデルを作成した場合、モデルを作成した集団の表現型の実測値とモデルによる遺伝子型からの予測値の相関関係が線形に近いほど、精度の高いモデルが作成できたと判断することができます。

例えばスギの第1世代精英樹集団でゲノミック予測を行った例では、雄花着花性が成長や材質より高い精度で予測可能なことが示されました（Hiraoka et al. 2018）。この他、実データをもとに林木のゲノミック選抜の精度評価を行った研究は、Grattapaglia et al. 2018や、岩田2019に詳しい総説があります。

ゲノミック予測には林木育種を効率的に進める上で大きな利点がありますが、課題も残されています。まず、DNAマーカーを利用して遺伝子型を特定し、ゲノミック予測のためのモデル作成に用いる個体数が限られる場合、精度の高いモデルを作成することが困難になります。また現状では、遺伝子型といっても表現型に関与する遺伝子の機能に直結するDNA変異を捉えている場合は稀で、連鎖する近傍の差異も含めてDNAマーカーとしている場合が殆どであることにも注意が必要です。理想的には、遺伝子の機能に直結するDNA変異をDNAマーカーとすることで予測精度を高められると考えられます。一方、個体の表現型は植栽された場所の環境によっても影響を受けるため、環境要因による影響を加味する必要があります。実際、環境要因による誤差の補正によって予測精度が向上することがわかっています（Nagano et al. 2020）。

ゲノミック予測は、林木育種の期間を短縮するために有用な方法です。遺伝子型をもとに表現型を予測して選抜を行うことで、選抜精度の向上や育種コストの削減、育種の効率化が可能になります。しかし、遺伝子型の情報の不足、表現型への環境の影響など、精度の向上のために取り組む必要のある課題も残されています。今後も遺伝子型を解析する技術の向上や、環境要因を統合した解析を通じて、ゲノミック予測の技術の改良が必要です。

⑥トランスクリプトーム解析（遺伝子発現解析）

ある個体のすべての細胞は同じ数の一揃いの遺伝子の情報を持っていますが、実際に働いている遺伝子は細胞ごとに異なります。このように、遺伝子が働いているかどうかを表わすことを「遺伝子発現」といいます。本項では、実際に遺伝子が働くとはどういうことなのか、また、遺伝子発現を調べることで何を明らかにできるのかについて説明します。

遺伝子発現とは、ゲノムＤＮＡの遺伝情報が細胞における機能や構造に具体的に現れることです。遺伝子発現の初期の段階で、ゲノムＤＮＡの遺伝子領域を鋳型として、必要な時に必要な種類の遺伝子のコピー（転写産物、ＲＮＡ）が合成され、その情報をもとにタンパク質が合成されます。それぞれの組織や細胞において転写される遺伝子の種類や量は正確に調整されており、発生、成長、環境適応などの様々な生命現象において非常に重要な役割を果たしています。近年の技術革新によって、数万個の遺伝子の転写産物量（発現量）を一度の解析で比較的簡単に明らかにすることができるようになりました。ある時点の細胞あるいは組織において存在する遺伝子の転写産物の総体を「トランスクリプトーム」、その種類や量を網羅的に調べることを「トランスクリプトーム解析」と呼びます。

林木育種においてトランスクリプトーム解析を行う目的は大きく分けて二つあります。一つは、目視では確認できない樹体の生理現象を推定することです。発現量の高かった遺伝子は、その時その部位で活性化していた遺伝子であり、その遺伝子の有する機能から樹体で起こっている現象やその生物学的プロセスを推定することができます。これにより、樹種や品種の有する生理特性を明らかにすることや、生理状態に応じた効果的な育苗時の施業プランの提案等に役立てることができます。

二つ目は、材質、着花、耐病性、環境適応性など、有用形質の制御において重要な遺伝子をトランスクリプトーム解析によって明らかにし、その情報を品種改良のために役立てることです。有用形質の制御において鍵となる遺伝子は、その形質を判定するための遺伝子マーカーの開発や、ゲノム編集等を用いた形質転換体の作出など、多岐にわたり活用することができます。

スギのトランスクリプトーム解析を用いた研究例を簡単に紹介します。気候変動適応策の一環として、スギの環境応答に関する様々な研究が行われてきました。例えば、自然環境下におけるトランスクリプトームの動態を解析した研究では、1日・1年を通して活性化する遺伝子の種類が大きく変動していることがわかりました（Nose & Watanabe 2014, Nose et al. 2020, 2023）。これにより、各時間帯や季節における樹体内の生理現象が分子レベルから推定されるとともに、フェノロジー（生物季節）の制御をはじめとする環境適応において重要な遺伝子が明らかになりました。また、人工気象室などを用いて環境を制御することによって、個々の環境因子に対する応答も研究され、乾燥、温度、日長応答の制御に関わる遺伝子が明らかになりました（Nose et al. 2020, Ujino-Ihara 2020, 能勢ら ２０２１）。乾燥応答については多数系統を扱った解析も行われ、特定の遺伝子の発現量は各系統の有する耐乾性レベルと高い相関を示したことから、遺伝子発現マーカーによる耐乾性の評価が可能になりました（能勢ら２０２１）。

有用形質を対象にした研究でも、トランスクリプトーム解析が用いられています。例えば、材に関連して、形成層帯で発現している遺伝子の塩基配列情報を網羅的に収集し、季節による遺伝子発現量の変化を解析した報告があります（Mishima et al. 2014）。また、雄花着花性に関連して、正常クローンと雄性不稔クローンの自然環境下における雄花形成過程のステージングを形態観察と遺伝子発現解析により行った研究や（Tsubomura et al. 2016）、ジベレリン処理による雄花誘導時の遺伝子発現を研究したものがあります（Kurita et al. 2020）。さらに、挿し木発根性に関連して、挿木から発根までの遺伝子発現の時系列変化が報告されています（Fukuda et al. 2018）。これらの解析は、各形質に関わる分子機構の解明につながるとともに、発現変動を示した遺伝子はこれらの形質制御に重要な役割を果たしていると推定されることから、効率的な遺伝子マーカーの開発に役立つと考えられます。

トランスクリプトーム解析で得られたデータを高精度で解析するためには、遺伝子の塩基配列情報が整備されていることが重要です。スギの場合、様々な部位・時期・発達段階において発現している遺伝子の塩基配列が、次世代シーケンス解析によって明らかにされ、一つのリファレンスとして統合されています（Mishima et al. 2018）。

最近、前述のように、日本の主要な育種対象樹種のうちカラマツ、スギ、ヒノキと、早生樹として注目されているコウヨウザンの４樹種のゲノムＤＮＡの塩基配列が公開されました。今後、これらの樹種においてさらに遺伝子の情報が整備され、様々な樹種でトランスクリプトーム解析が行われるようになると想定されます。トランスクリプトーム解析で得られる膨大なデータを正確に解析し、解釈することができれば、得られる情報の有用性はさらに高まり、林木育種のスピードアップに貢献できると考えられます。

⑦表現型解析

ゲノム情報を活用した育種のためには、事前にゲノム情報と実際に観察した形質の関係性を明らかにすることが必要です。関係性を明らかにするためには、遺伝子型と表現型のデータを準備する必要があり、その際、環境誤差の少ない表現型のデータを得ることが重要です。本項では、環境の影響を除いた表現型データの重要性と、そのようなデータを得るための方法などについて説明します。

樹高などの樹木の見た目（表現型）は、遺伝と環境の両者の影響を受けます。遺伝的に優れた個体は、優れた表現型を示します。一方で、同時に環境の影響を受けるため、遺伝的に優れた個体であっても環境条件が悪い場所では環境条件が良好な場所に比べて表現型が悪くなります。

林木育種の現場では、野外に育種材料を植えた試験地から様々な表現型を測定し、そこから遺伝的に優れた個体を選び出すことを目指します（武津 2020）。しかし、優れた表現型を示す個体を見た時に、その場所の環境が良いからなのか、遺伝的に優れているのからなのかを見分けることは、簡単ではありません。そのため、精英樹やエリートツリーは選抜したあと、その子供やクローンを増殖して野外に植えることにより検証を行います。しかし、選抜の効率や、前項までに述べた「ゲノミック予測」における予測精度を向上させるためには、個体の表現型から遺伝的能力を精度高く推定する必要があります。

例えば林木育種の試験地では、きょうだいの個体が一緒に植えられる場合が多いことから、血縁関係のあるきょうだいの表現型の測定結果を利用して、目的の個体の遺伝的能力の推定精度を向上させることができます。

また、環境の影響というのは、完全にランダムに決まる場合だけではなく、一つの林分の中で谷筋などの成長の良い区域と、尾根筋などの成長の悪い区域に分かれることがあります。このような空間的な表現型の良し悪しの偏りの情報を利用することにより、個体の遺伝的能力をより精度高く推定することができます（図Ⅲ･2･3、Fukatsu et al. 2017）。最近では、レーザー計測などの新しい手法を使って効率的に精度良く表現型を測定しようという取組も進められています（平岡ほか２０１５）。表現型データとそれに適した解析の組み合わせにより、個体の遺伝的能力の推定精度を向上させることは、林木育種の効率化と高精度化につながっていきます。

(2) ゲノム編集

前述のように遺伝子の本体はＤＮＡと呼ばれるひも状の物質で、アデニン（Ａ）、チミン（Ｔ）、グアニン（Ｇ）、シトシン（Ｃ）の４種の塩基が暗号文のように長く連なってできています。遺伝子の働きは塩基の並び方（塩基配列）によって決まるため、個体間の形質の違いは遺伝子の違い、つまりは塩基配列の違いといえます。例えば、無花粉スギ「爽春」は、ＭＳ１と呼ばれる花粉の形成に必要な遺伝子の塩基配列が一部欠けており、ＭＳ１が正常に機能しなくなることで花粉ができなくなっています。このような塩基配列の変化はどのようにして起こっている

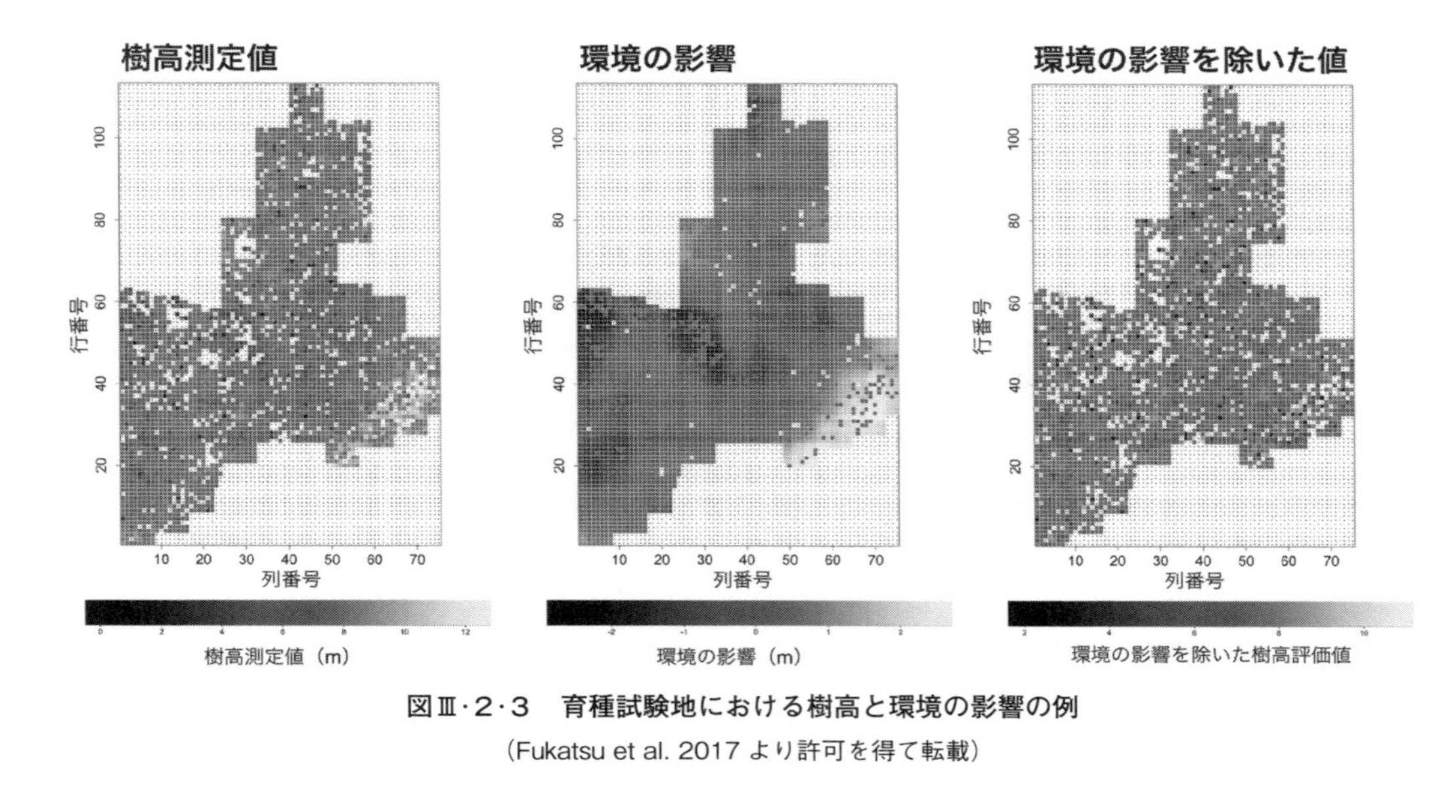

図Ⅲ･2･3　育種試験地における樹高と環境の影響の例

（Fukatsu et al. 2017 より許可を得て転載）

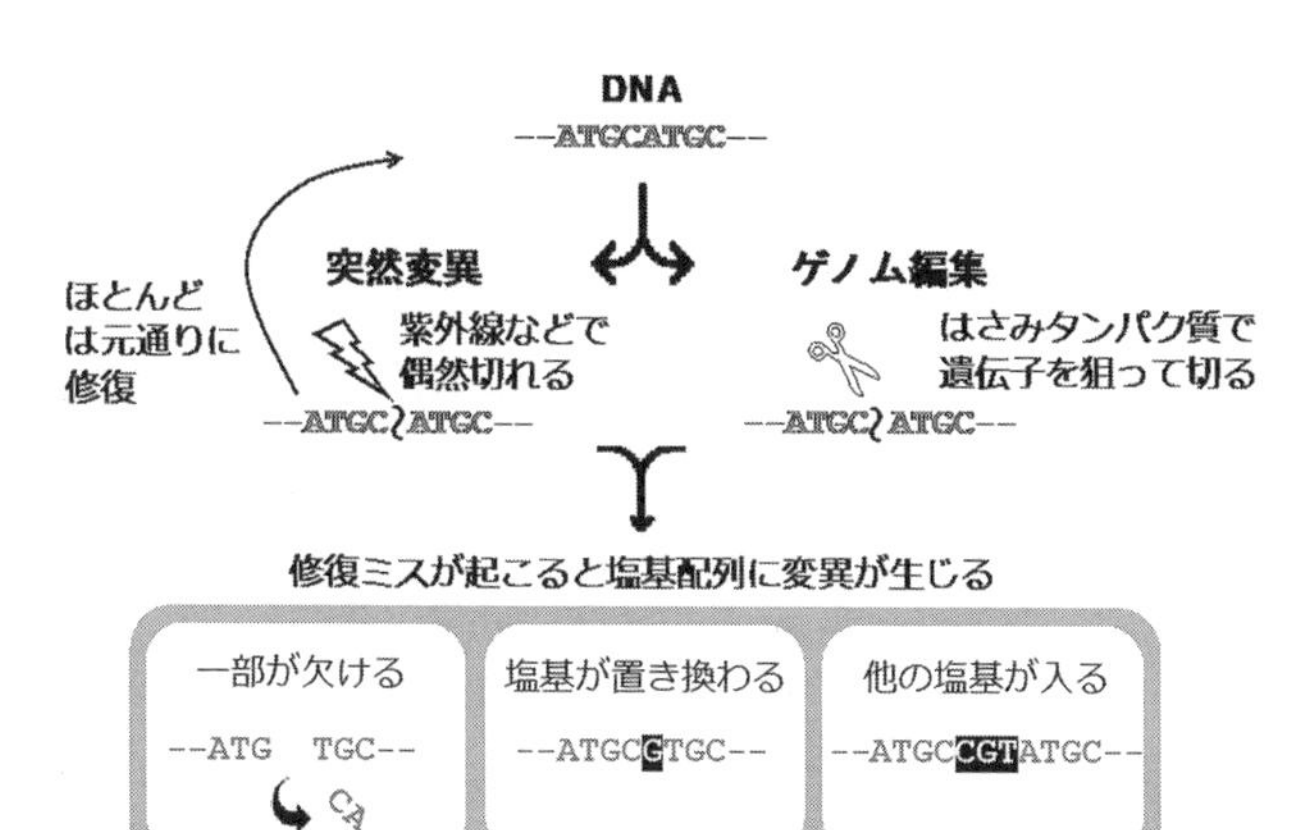

図Ⅲ·2·4　変異とゲノム編集

（本章末尾掲載の文献を一部改変）

のでしょうか。実は生物の体の中では、宇宙等からの放射線や紫外線などにより自然環境下でＤＮＡが切れることが日常的に起こっていますが、生物には切れたＤＮＡを修復する仕組みが備わっており、大部分は元通りに修復されます。

しかし、ごく稀に修復ミスが生じて塩基の一部が欠ける、置き換わる、他の塩基が挿入されるといった変異が生じ（図Ⅲ·2·4）、その生物の性質が変わってしまうことがあるのです。このような塩基配列の変化を変異（突然変異）と呼びます。変異の起こる確率は10万～１００万分の1と大変低く、ゲノム上でランダムに生じるため、数万種類あるとされている遺伝子のうち、希望する遺伝子に変異が生じた個体を探し出すのは極めて困難です。そこで、狙った遺伝子に対しピンポイントで変異を誘導できる画期的な技術として登場したのが「ゲノム編集」です。

ゲノム編集を行うためには、狙った遺伝子の塩基配列にＤＮＡ切断酵素と呼ばれる「はさみ」のようなタンパク質（ここでは便宜上「はさみタンパク質」と呼ぶ）を結合させてＤＮＡを切る方法がとられます（図Ⅲ・2・4）。このはさみタンパク質はＤＮＡの結合した部分を集中的に切るため、通常稀にしか起こらない変異を効率的に誘導することができます。自然に起こる変異もゲノム編集による変異もＤＮＡが切れ、その後の修復ミスによって変異が生じる点で原理は共通していますが、ゲノム中のどこに変異を起こさせるかを任意に決めることができるのが、ゲノム編集の大きな利点です。はさみタンパク質の種類と切り方の違いにより、複数の手法が開発されていますが、中でもCRISPR/Cas9（「クリスパーキャスナイン」と読む）は汎用性の高さから最も広く用いられており、開発者が２０２０（令和２）年のノーベル化学賞を受賞しました。

ゲノム編集はその変異の誘導のしやすさから、様々な農作物等の育種で活用されています。２０１９（平成31）年のアメリカにおける高オレイン酸ダイズを皮切りに、２０２１（令和３）年には日本でＧＡＢＡ高蓄積トマト、可食部増量マダイ、高成長トラフグが市場での流通を開始しました。林木においても、ゲノム編集技術の開発が進められており、２０１５（平成27）

年にはポプラで、２０２１年には針葉樹としてスギ、ラジアータパイン、ホワイトスプルースでゲノム編集された植物体作出の成功が報告されました。ここでは七里らにより開発された、ゲノム編集スギの作出方法とその応用について解説します。

植物の細胞は硬い細胞壁に覆われているため、はさみタンパク質を直接細胞内に届けるのは困難です。そのため、植物におけるゲノム編集では、一旦、はさみタンパク質そのものをつくる遺伝子を遺伝子組換えによって植物ゲノムに挿入する方法がとられます（図Ⅲ·2·5）。これによって、細胞内ではさみタンパク質を合成させることでゲノム編集が行われます。スギの遺伝子組換えは、未成熟な種子を培養することで増殖させた細胞の塊（細胞塊）に対して、「アグロバクテリウム」と呼ばれるＤＮＡを植物細胞へ運搬する能力を持つ細菌を感染させることで行われます（図Ⅲ·2·6）。この方法を用いて、スギの花粉形成に関与する遺伝子を切るように設計した、はさみタンパク質の遺伝子を導入することで、無花粉スギを作出することに成功しています（図Ⅲ·2·7）。従来の選抜や交配によって開発された無花粉スギや無花粉ヒノキの品種はまだ少数ですが、精英樹やエリートツリーにゲノム編集を適用することで、各地域に適した無花粉品種など、より多様な品種開発が可能になると考えられます。

前述の方法で得られたゲノム編集スギは、外来のはさみタンパク質の遺伝子が組み込まれて

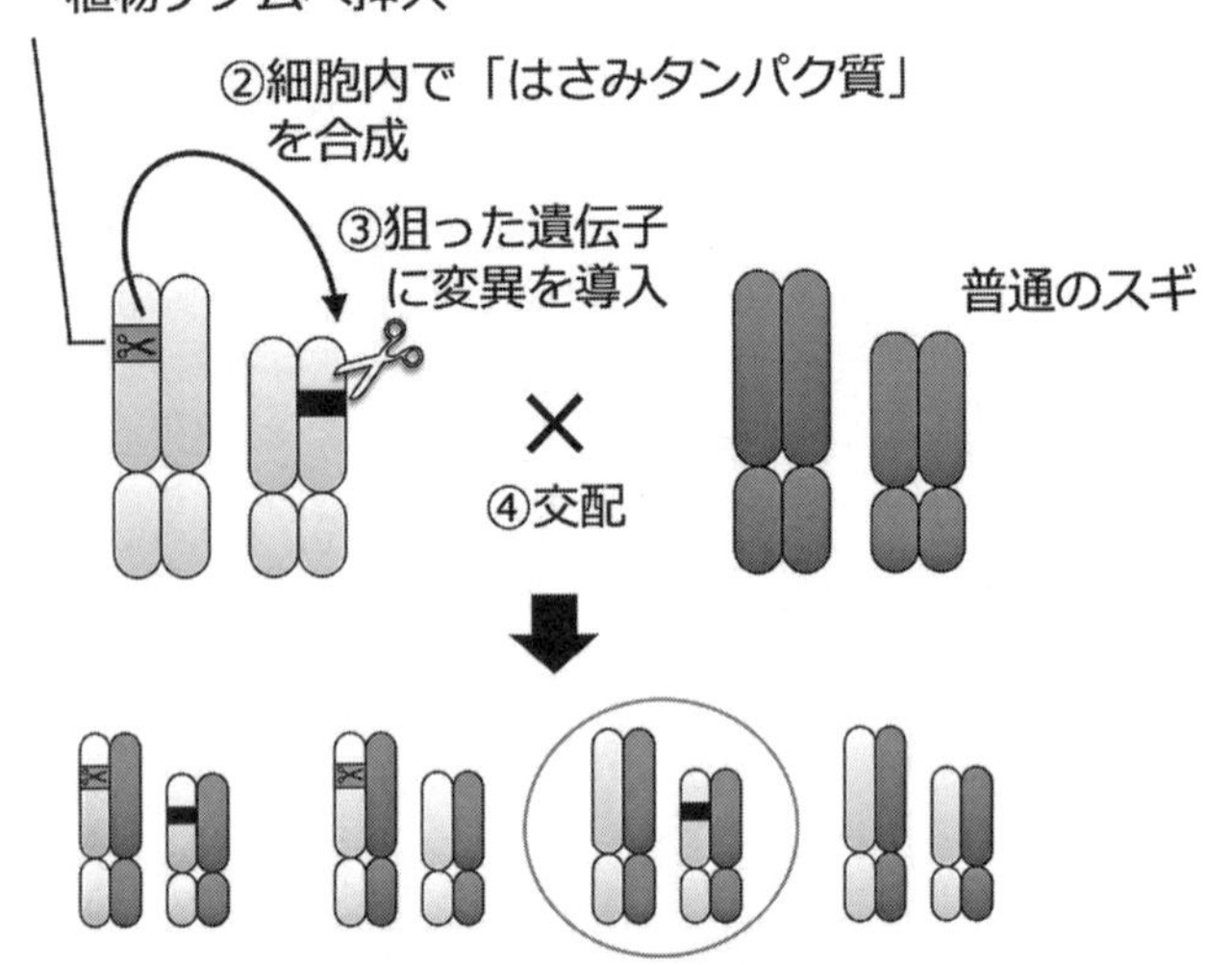

図Ⅲ·2·5　ゲノム編集個体の外来遺伝子の除去
（本章末尾掲載の文献を一部改変）

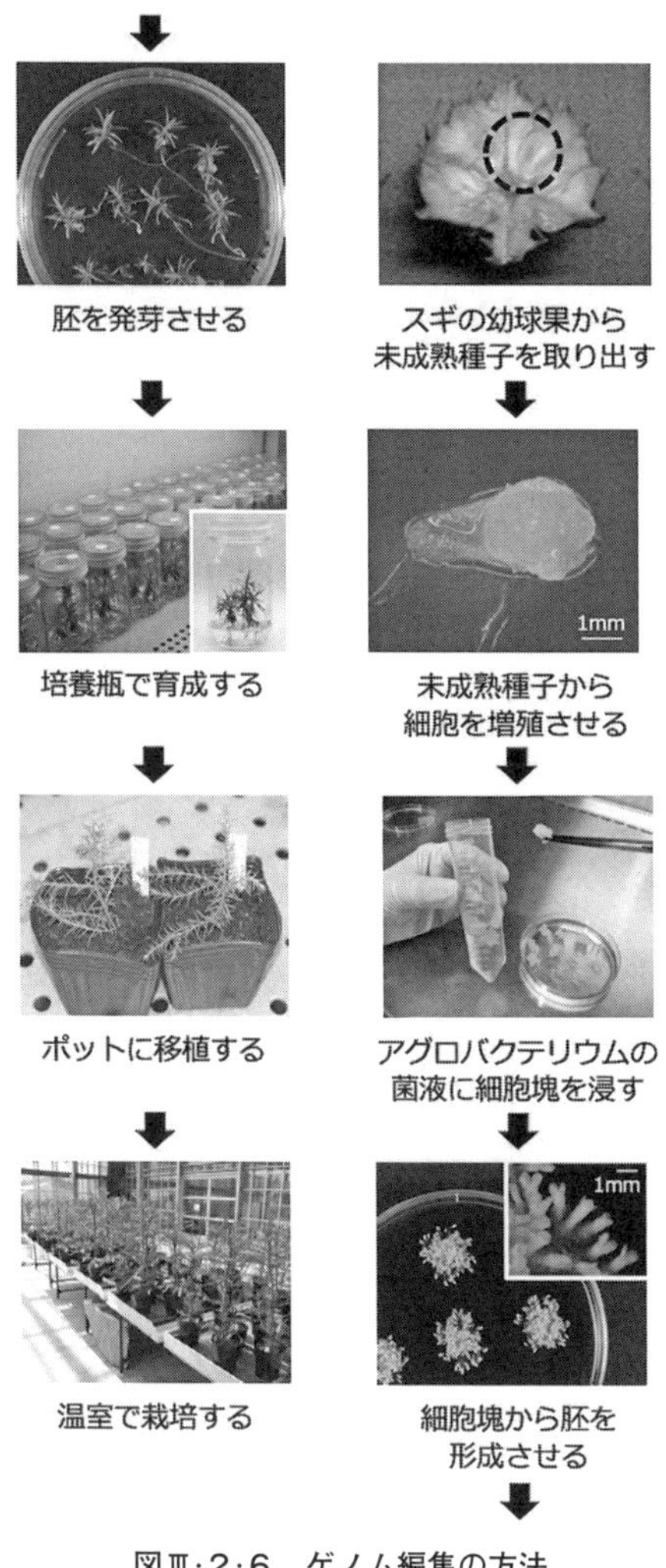

図Ⅲ･2･6　ゲノム編集の方法

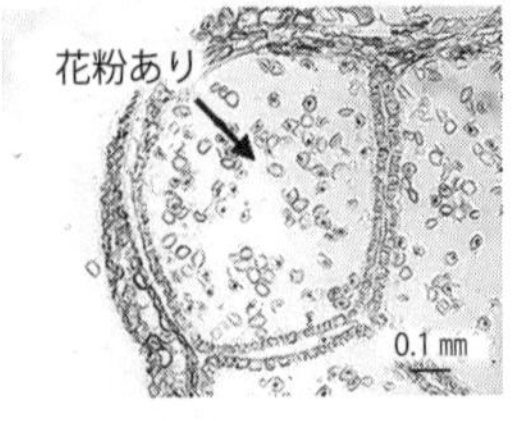

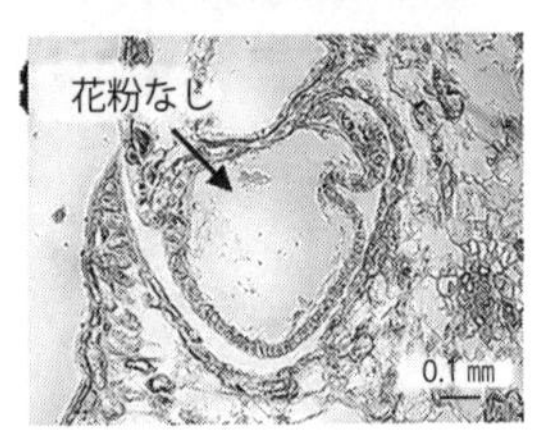

図Ⅲ・2・7　普通のスギとゲノム編集無花粉スギの雄花とその断面

いるため、遺伝子組換え生物として「カルタヘナ法」による規制を受けることになります。そのため、野外に植栽するためには、生物多様性への影響評価等の様々な事前調査と、国からの承認が求められます。

一方で、ゲノム編集技術を利用してできた生物において、他の生物の核酸（ＤＮＡまたはＲＮＡ）を導入していても、最終的にそれが残存していないことが確認された生物については、カルタヘナ法の規制対象外とする方針が２０１９年に環境省から示されました。従って、ゲノム編集スギの実用化には、普通のスギと交配させ、導入したはさみ遺伝子を除去した次世代の個体を選抜することが必要となります（図Ⅲ・2・5）。

さらに、遺伝子組換えを行わず、はさみタンパク質を直接細胞内に届ける方法の研究も進めています。また、ゲノム編集のような先進技術の普及には国民の理解醸成を進めることが重要であり、研究内容やその成果を一般の方に知っていただくための「アウトリーチ活動」などを通してゲノム編集技術の社会受容促進に努めることが大切です。

参考・引用文献

1・(1)

遠藤圭太（２０２２）樹木の価値を未来に引き継ぐ取り組みとそれを支える技術．森林科学96：16-19

半田孝俊（２００１）遺伝資源森林・林業百科事典．丸善．42-43

林木育種センター（２０１４）林木ジーンバンク事業の方針．https://www.ffpri.affrc.go.jp/ftbc/iden/documents/rinbokugenebankjigyounohoushin.pdf（２０２３年8月31日確認）

林木育種センター（２０２３）遺伝資源の収集・保存・配布．https://www.ffpri.affrc.go.jp/ftbc/iden/index.

html.（２０２３年８月31日確認）
山田浩雄（２０１８）林木ジーンバンク事業の成果と今後の方向．森林遺伝育種７：１５６-１５８
１・⑵①
Apichart Kaosa-ard（２０２３・４月閲覧）Overview of problems in teak plantation establishment, Management of Teak Plantations（fao.org）
小林（２０２２）林業用種子ができるまで．Forest Letter, No.92,1．千葉県農林総合研究センター森林研究所
１・⑵②
千吉良治（２００６）熱帯産早生樹種の育種マニュアル本論．編集者：生方正俊．独立行政法人林木育種センター海外協力部．ＩＳＢＮ４-９９０３２７１-０-１．茨城
片寄髞（１９９８）海外プロジェクトの実績と現状（Ｉ）―ウルグアイの林木育種―林木の育種１８８：35-40
久保田正裕・中田博（２０１０）ウルグアイにおける林木育種の近況．林木の育種２３６：34-38
栗延晋（１９９４）熱帯地域の早生樹種を対象とした半兄弟家系の実生採種林を用いる林木育種計画．日林論１０５：３１５-３１６
１・⑵③
J.W.Turnbull, S.J.Midgley and C.Cossalter（1997）Tropical Acacias Planted in Asia: an Overview, Recent

Developments in Acacia Planting Proceedings of an international workshop,Hanoi Vietnam,27-30 October 1997

Arif Nirsatmanto, Budi Leksono,Susumu Kurinobu and Susumu Shiraish (2004) Realized genetic gain observed in second-generation seedling seed orchards of *Acacia mangium* in South Kalimantan, Indonesia, Journal of Japanese Forestry Society 9: 265–269

千吉良治（２００６）熱帯産早生樹種の育種マニュアル本論．編集者：生方正俊．独立行政本陣林木育種センター海外協力部．ＩＳＢＮ４-９９０３２７１-０-１．茨城

１・②⑥

Dinh Kha Le and Huy Thinh Ha (2017), Research and development of acacia hybrids for commercial planting in Vietnam,Vietnam Journal of Science, Technology and Engineering, Vol.59–1, 36–42

Le Dinh Kha, Chris E. Harwood, Nguyen Duc Kien, Brian S. Baltunis, Nguyen Dinh Hai and Ha Huy Thinh (2012), Growth and wood basic density of acacia hybrid clones at three locations in Vietnam. New Forest, 43: 13–29

M. Tarigan, J. Roux, M. Van Wyk, B. Tjahjono and M.J. Wingfield (2011), A new wilt and die-back disease of *Acacia mangium* associated with *Ceratocystis manginecans* and *C. acaciivora* sp. nov. in Indonesia, South African Journal of Botany, 77: 292–304

Pham Quang Thu and Nguyen Minh Chi (2016), *Ceratocystis* wilt disease of *Acacia auriculiformis*, *Acacia mangium* and *Acacia* hybrid in Vietnam, Occupation and Rural Development, April2016-2, 134-140

2・(1)①②

Hirao T, Matsunaga K, Hirakawa H, Shirasawa K, Isoda K, Mishima K, Tamura M, Watanabe A (2019) Construction of genetic linkage map and identification of a novel major locus for resistance to pine wood nematode in Japanese black pine (*Pinus thunbergii*). BMC Plant Biol. 19 : 1

Mishima K, Hirao T, Tsubomura M, Tamura M, Kurita M, Nose M, Hanaoka S, Takahashi M Watanabe A (2018) Identification of novel putative causative genes and genetic marker for male sterility in Japanese cedar (*Cryptomeria japonica* D.Don). BMC Genomics

Mishima K, Hirakawa H, Iki T, Fukuda Y, Hirao T, Tamura A, Takahashi M (2022) Comprehensive collection of genes and comparative analysis of full-length transcriptome sequences from Japanese larch (*Larix kaempferi*) and Kuril larch (*Larix gmelinii* var. *japonica*). BMC Plant Biology 22 : 470

Nystedt B, Street NR, Wetterbom A, Zuccolo A, Lin YC et al. (2013) The Norway spruce genome sequence and conifer genome evolution. Nature 497

Shirasawa K, Mishima K, Hirakawa H, Hirao T, Tsubomura M, Nagana S, Iki T, Isobe S, Takahashi M

(2022) Haplotype-resolved de novo genome assemblies of four coniferous tree species. bioRxiv: https://doi.org/10.1101/2022.11.16.516598

2・①③④⑤

Grattapaglia, D., O.B. Silva-Junior, R.T. Resende, E.P. Cappa, B.S.F. Müller, B. Tan, F. Isik, B. Ratcliffe and Y.A. El-Kassaby. 2018. Quantitative Genetics and Genomics Converge to Accelerate Forest Tree Breeding. Frontiers in Plant Science. 9

Hiraoka, Y., E. Fukatsu, K. Mishima, T. Hirao, K.M. Teshima, M. Tamura, M. Tsubomura, T. Iki, M. Kurita, M. Takahashi and A. Watanabe. 2018. Potential of Genome-Wide Studies in Unrelated Plus Trees of a Coniferous Species, *Cryptomeria japonica* (Japanese Cedar). Frontiers in Plant Science. 9

Meuwissen, T.H., B.J. Hayes and M.E. Goddard. 2001. Prediction of total genetic value using genome-wide dense marker maps. Genetics. 157：1819–29

Nagano, S., T. Hirao, Y. Takashima, M. Matsushita, K. Mishima, M. Takahashi, T. Iki, F. Ishiguri and Y. Hiraoka. 2020. SNP Genotyping with Target Amplicon Sequencing Using a Multiplexed Primer Panel and Its Application to Genomic Prediction in Japanese Cedar, *Cryptomeria japonica* (L.f.) D.Don. Forests. 11：898

岩田洋佳（２０１９）林木のゲノミック選抜：現状と展望．森林遺伝育種８：32–39

平岡裕一郎（２０２１）講座：森林遺伝育種のデータ解析方法（実践編４）．ゲノミック予測．森林遺伝育種10：１２０-１２２

武津英太郎（２０２１）森林遺伝育種のデータ解析方法（実践編３）．ＢＬＵＰ法．森林遺伝育種10：49-53

２・⑴⑥

Nose M, Watanabe A.（2014）Clock genes and diurnal transcriptome dynamics in summer and winter in the gymnosperm Japanese cedar（*Cryptomeria japonica*（L.f.）D.Don）. BMC Plant Biol, 18; 14：308

Nose M, Kurita M, Tamura M, Matsushita M, Hiraoka Y, Iki T, Hanaoka S, Mishima K, Tsbomura M, Watanabe A.（2020）Effects of day length- and temperature-regulated genes on anual transcriptome dynamics in Japanese cedar（*Cryptomeria japonica* D. Don), a gymnosperm ideterminate species. PLoS One, 9; 15(3) :e0229843

Nose M, Hanaoka S, Fukatsu E, Kurita M, Miura M, Hiraoka Y, Iki T, Chigira O, Mishima K, Takahashi M, Watanabe A.（2023）Changes in annual transcriptome dynamics of a clone of Japanese cedar（*Cryptomeria japonica* D. Don）planted under different climate conditions. PLoS One, 16;18（2）: e0277797

能勢美峰・永野聡一郎・高島有哉・平尾知士・松下通也・平岡裕一郎（２０２１）乾燥した生育環境への適応性を評価するスギの遺伝子発現マーカーの開発．森林総合研究所研究成果選集：42-43

Ujino-Ihara T.（2020）Transcriptome analysis of heat stressed seedlings with or without pre-heat treatment in *Cryptomeria japonica*. Mol Genet Genomics, 295（5）：1163–1172

Mishima K, Fujiwara T, Iki T, Kuroda K, Yamashita K, Tamura M, Fujisawa Y, Watanabe A.（2014）Transcriptome sequencing and profiling of expressed genes in cambial zone and diff erentiating xylem of Japanese cedar（*Cryptomeria japonica*）. BMC Genomics, 20; 15：219

Tsubomura M, Kurita M, Watanabe A.（2016）Determination of male strobilus developmental sta ges by cytological and gene expression analyses in Japanese cedar（*Cryptomeria japonica*). Tree Physiol, 30(5)：653–66

Kurita M, Mishima K, Tsubomura M, Takashima Y, Nose M, Hirao T, Takahashi M.（2020）Transcriptome Analysis in Male Strobilus Induction by Gibberellin Treatment in *Cryptomeria japonica* D. Don. Forests, 11（6）：633

Fukuda Y, Hirao T, Mishima K, Ohira M, Hiraoka Y, Takahashi M, Watanabe A.（2018）Trans criptome dynamics of rooting zone and aboveground parts of cuttings during adventitious root fo rmation in *Cryptomeria japonica* D. Don. BMC Plant Biol, 19;18（1）：201

Mishima K, Hirao T, Tsubomura M, Tamura M, Kurita M, Nose M, Hanaoka S, Takahashi M, Watanabe A.

(2018) Identification of novel putative causative genes and genetic marker for male sterility in Japanese cedar (*Cryptomeria japonica* D.Don). BMC Genomics 23;19 (1) : 277

2・⑴⑦

武津英太郎（２０２０）林木育種における形質評価の取り組み．山林 ２０２０・６：28–35

Fukatsu E, Hiraoka Y, Kuramoto N, Yamada H, Takahashi M (2018) Effectiveness of spatial analysis in *Cryptomeria japonica* D. Don (sugi) forward selection revealed by validation using progeny and clonal tests. Annals of Forest Science 75:96. https://doi.org/10.1007/s13595-018-0771-1

平岡裕一郎・高橋誠・渡辺敦史（２０１５）林木育種における地上LiDAR計測の応用—スギ精英樹F_1家系における樹幹形質の評価—．日本森林学会誌97：２９０–２９５

2・⑵

小長谷賢一（２０２２）バイオテクノロジーを活用した林木育種の可能性．森林科学96：12–15

農林水産省（２０２２）国内における研究開発事例を紹介します！．国立研究開発法人　森林研究・整備機構森林総合研究所　森林バイオ研究センター編．http://www.affrc.maff.go.jp/docs/anzenka/genom_syuzai2021/pagel.htlm

ATAFF（２０２２）バイオステーション．https://bio-sta.jp

農研機構（2022）リーフレット「ゲノム編集～新しい育種技術～」．https://www.affrc.maff.go.jp/docs/anzenka/genome_editing_leaflet/genome_editing_leaflet.html
七里吉彦（2022）ゲノム編集技術の林木育種への利用における現状・課題・展望．森林遺伝育種11：181-186
田部井豊・七里吉彦・三柴啓一郎・安本周平編（2022）ひとりではじめる植物バイオテクノロジー入門：組織培養からゲノム編集まで．国際文献社
法務省（2003）遺伝子組換え生物等の使用等の規制による生物の多様性の確保に関する法律（通称「カルタヘナ法」）．平成15年法律第97号
環境省（2019）ゲノム編集技術の利用により得られた生物であってカルタヘナ法に規定された「遺伝子組換え生物等」に該当しない生物の取扱いについて．環自野発第1902081号

索 引

英数字（アルファベット順）

1.5世代採種穂園 ………33
ABS ………………… 150
CO_2吸収量 ………… 30,39
CO_2ゼロエミッション化
…………………………30
DNA切断酵素 ……… 216
DNA抽出 …………… 199
DNA分析 … 96,98,99,162
DNA変異 …………… 206
DNAマーカー ………
96,104,190,196,199,203,206
GWAS ……………… 202
IPCC ……………84,137
JICA ……169,172,175,179
KPI（Key Primary Index）
…………………… 14,30
MS1…………………… 213
Mスター…………………51
PCR…………………… 198
QTL形質 …………… 202

あ行

赤玉土………………… 110
アグロバクテリウム
………………… 217,219
荒穂………………… 51,57
育種基本区………………43
育種効果…………………62
育種世代……………… 134
育種素材………………
26,27,36,50,102,139,152,157
育種素材保存園……… 139
育種年限…94,95,99,140,189
育種の波…………… 20,94
育種分集団…………… 173
異常発芽…………………71
一塩基多型……… 195,204
一番玉………………… 125
一貫作業システム… 39,41
一般次代検定林…………33
遺伝獲得量………… 19,23
遺伝子型…… 203,206,211
遺伝子組換え…… 217,221
遺伝子組換え生物…… 220
遺伝資源情報………… 152
遺伝試験林………………33
遺伝子発現量………… 192
遺伝子配列情報……… 194
遺伝子保存林…… 151,156
遺伝子マーカー……… 209
遺伝情報…… 187,192,208
遺伝子領域……… 194,208

遺伝的改良……　14, 167, 173
遺伝的組換え…………　200
遺伝的多様性……………
18, 23, 64, 88, 93, 156, 176, 180
遺伝的特性………　17, 82, 85
遺伝的能力……………　212
遺伝的分化……………　180
遺伝的変異………　148, 195
遺伝分散……………………90
遺伝変異
………　81, 85, 148, 165, 170
遺伝率…………　91, 96, 174
ウラスギ………………　149
永年生……………………16
栄養枝……………………68
栄養繁殖技術…………　169
液体肥料自動供給
システム………………75
枝性………………………59
エリートツリー
選抜実施要領…………38
塩基配列…………………
188, 194, 196, 210, 213, 215
横架材……………………83
応力波伝播速度
………………　94, 123, 136
オーソドックス種子…　159
オガサワラグワ………　163
オキシベロン……………52
オノエヤナギ…………　161
雄花着花……　27, 38, 83, 92,
101, 136, 202, 206
雄花着生……………26, 127
飫肥地域…………………16
オモテスギ……………　149

か行

カーボンニュートラル
…………　30, 39, 43, 84, 137
改良効果………………
19, 23, 93, 168, 170, 174
改良種子…………　169, 173
核酸……………………　220
家系……………………
34, 87, 107, 119, 121, 170
家系選抜…………………88
活着不良…………………59
活着率……………………56
鹿沼土………………52, 110
花粉親………　72, 81, 87, 104
花粉採取…………………75
花粉症対策品種の品種
開発実施要領………　100
花粉発生源対策………　100
花粉飛散量……………　136
花粉母細胞………　105, 109
花粉粒…………………　105
カルタヘナ法…………　220
環境誤差………　81, 90, 211
環境ストレス………84, 138
環境適応性……………　209
環境分散…………………90
環境変異…………………81
幹材積計算プログラム　122
含水率…………………　159

間接推定法……………… 18
乾燥応答……………… 209
気候変動……… 84, 137, 179
気候変動監視レポート
……………………… 137
技術移転……………… 175
基準材積………… 117, 122
気象害抵抗性採穂園…… 77
北山地域……………… 15
キハダ……………… 57, 161
球果……………………… 70
京都議定書……………… 42
郷土樹種…… 167, 179, 184
切りつぎ……………… 57
近交弱勢………… 18, 87, 88
近交度………………… 175
近親交配…………… 18, 87
グイマツ……………… 36
グイマツ雑種F_1………… 61
くず穂………………… 80
管つぎ………………… 59
管穂…………………… 59
国の天然記念物……… 157
クリスパーキャスナイン
……………………… 216
クローン検定林……… 185
クローン構成………… 66
クローン試験地……… 176
クローン数…………… 63
クローン苗……… 103, 153
クローン苗木……… 50, 184
クローン配置………… 65
形質転換体…………… 209
形成層………………… 58
茎頂…………………… 158
系統管理…………… 66, 96
統計遺伝学…………… 92
系統ラベル…………… 66
激害林分……………… 27
血縁関係………… 18, 205
血縁情報……………… 95
ゲノミック選抜……… 202
ゲノム育種価………… 204
ゲノム解読…………… 193
ゲノムサイズ………… 193
ゲノム配列…………… 193
ゲノム領域…………… 200
原因遺伝子……… 191, 200
原種苗木……………… 49
減数分裂……… 109, 200
顕性（優性）………… 200
検定交配……………… 106
検定発芽率…………… 71
検定林……………… 85, 95
公益的機能…………… 32
恒温器………………… 71
後継林分……………… 156
高所作業……………… 67
高速育種技術………… 140
後代検定………… 95, 170
交配……………… 19, 34, 134
交配親…………… 86, 88, 132
交配家系……………… 106
コウヨウザン………… 161
光量…………………… 76
ココピートオールド… 109

個体選抜……………………88
コンテナ苗………………56

さ行

再現性………………… 198
採種園の施業要領… 61,68
採種源指定林分……… 157
採種穂園造成…………50
採種母樹………………66
採種母樹林…………… 168
材積比率……………… 122
再造林率………………39
採穂台木………………79
細胞塊………………… 217
材密度………………… 204
さし木技術……………53
さし木クローン苗木……33
さし木検定林………… 114
さし木コンテナ…………53
さし木造林……………16
さし木発根性……… 77,84
さし床……………………53
さし穂……………… 51,76
さし穂台木……………77
雑種採種園……………61
産地試験……………… 162
産地試験林…………… 176
シイナ……………………18
自殖………………………18
自生種………………… 158
次世代化………… 167,172
次世代シーケンサー
………………… 193,199
次世代シーケンス解析
……………………… 210
次世代実生採種林…… 172
施設保存………… 156,158
自然交配……64,72,172,184
自然交配種子…… 170,174
自然枯死……………… 163
自然着花…… 101,126,130
次代検定…………… 33,95
次代検定林…… 33,176,180
次代検定林造成事業……33
ジベレリン処理…………
66,101,126,130,210
ジベレリンペースト剤…69
ジベレリン溶液…………69
社会林業……………… 179
遮光率……………………55
収穫サイクル……………39
樹冠幅……………………69
種間雑種……………… 184
種間雑種苗…………… 185
樹形誘導………… 49,68,76
種子親…………… 72,81,87
種苗配布区域…… 101,132
順化………………………58
循環利用サイクル………41
蒸散………………………52
初期成長……… 82,107,113
植栽間隔…………………64
植物ゲノム…………… 217
所在地情報…………… 153

人工気象室…………… 209
人工交配
……… 36, 73, 98, 113, 185
深層学習……………… 206
森林吸収源…………39, 138
森林吸収量………………42
森林吸収量目標…………43
森林・林業に関するジーン
バンク事業………… 151
スギ赤枯病………………80
スギ花粉発生源対策
推進方針…………26, 100
スギハダニ………………80
スクリーニング……… 198
精英樹育種事業…………94
精英樹採種穂園…………33
精英樹選抜育種事業
…………………… 32, 82
精英樹等採穂園…………76
精英樹特性表……………34
精英樹由来苗木…………33
製材歩留まり……………83
生産事業者表示票………66
成熟材……………………18
生殖質…………… 153, 158
生息域内保存………… 154
生息外保存…………… 164
成体…………………… 154
成体保存…………50, 156
成長性………… 39, 50, 135
成長速度…………………57
生物多様性条約……… 149
絶滅危惧……………… 163
絶滅危惧種… 152, 158, 163
施肥………………………66
施肥基準量………………68
全兄弟……………………87
潜性（劣性）………… 104
線虫…………………… 110
前年枝……………………50
選抜率……………… 20, 23
相加的遺伝………………91
相加的遺伝分散…………91
爽春………… 98, 200, 213
増殖保存……………… 153
早生樹……152, 157, 167, 211
早生樹種……………… 172
造成費………………… 168
造林コスト………… 30, 41
組織培養……………… 164
組織培養苗…………… 164
測桿…………………… 125

た行

台木………………………57
耐蟻性………………… 179
第3世代…… 134, 139, 175
耐鼠性……………………61
第2世代精英樹…………36
第2世代実生採種園… 174
耐病性………………… 209
第4世代………… 135, 139
高台円筒型仕立て………78
高台丸刈型仕立て………78
他殖性……………… 17, 87

多段階利用
（カスケード利用）……41
立山 森の輝き ……71, 107
タテヤマスギ………… 108
断幹高……………………69
探索収集……………… 153
丹沢 森のミライ… 105, 110
炭素貯留…………………39
炭素貯留能力……………84
短伐期施業…………… 161
単木混交配置図作成
プログラム……………65
地域差検定林……………33
チーク………………… 168
地球温暖化………………84
地球温暖化対策…………30
着花樹齢…………… 51, 58
チャンチン…………… 161
注入処理…………………69
超低温保存庫………… 161
貯蔵庫……………………70
追肥………………………66
ツーバイフォー工法……83
つぎ木テープ……………59
つぎ穂……………………57
強い選抜………… 20, 24, 93
低台仕立て………………77
電気泳動……………… 198
転写…………………… 188
天然記念物……… 157, 163
天竜地域…………………15
冬芽…………………… 158
凍結保存……………… 159
当年枝……………………50
トガサワラ…………… 163
特性調査…………… 27, 154
特性値………………… 140
特性評価…………… 34, 153
特性評価技術………… 139
特定増殖事業計画………45
特定苗木…………… 39, 47
突然変異
…………192, 199, 201, 215
突然変異体…………… 103
トップジンペースト 51, 58
ドロノキ……………… 161

な行

名古屋議定書………… 150
夏ざし……………………50
二酸化炭素吸収……… 138
日光地域…………………83
日長応答……………… 209
日本植物園協会……… 164
日本農林規格（JAS） …83
認定特定増殖事業者……42
ノウサギ…………… 62, 163
農林水産省ジーンバンク
事業………………… 151

は行

パーライト………………52
バイオマス燃料……… 161
バイオリソース……… 151

配置型……………………62
配列情報……………… 194
はさみ遺伝子………… 220
はさみタンパク質
……………… 216, 220
発芽促進処理……………70
発芽床……………………71
発芽率……… 18, 53, 73, 159
発現遺伝子…………… 194
発根システム……………53
発根性………50, 77, 133, 210
発根率………… 53, 110, 186
花芽………………… 69, 73
パリ協定…………………43
春ざし……………………50
半円形……………………77
半兄弟……………………87
繁殖特性……………… 167
反復配列……………… 197
ピートモス………………52
非相加的遺伝……………91
非相加的遺伝分散………91
ヒメバラモミ………… 163
氷結晶………………… 159
表現型………… 81, 188, 200
表現型分散………………90
表現型変異…………… 192
平刈………………………77
ピロディン貫入値…… 124
品種登録……………… 110
品種の次世代化…………36
品種評価基準………… 100
フェノロジー………… 209
普及世代……………… 134
複数年調査……… 127, 131
袋つぎ……………………57
不定芽……………………79
冬囲い……………………77
プラス木……………… 170
プラスツリー………… 179
分化………………………69
文化財保護法………… 165
分散………………………90
ベイマツ…………………83
ヘテロ………………… 104
ヘテロ個体………………99
萌芽枝……………… 69, 79
保護林………………… 155
防鼠溝……………………80
防風林……………………79
ボルドー液………………80

ま行

マイクロサテライト
マーカー…………… 196
マイクロサテライト
マーカー開発……… 197
マイクロサテライト領域
……………………… 197
松くい虫……………… 110
丸刈………………………77
マルチキャビティ… 51, 56
実生家系……………… 113
実生検定林……… 114, 119
実生採種園…………… 173

実生採種林… 169, 172, 180
実生試験林…………… 185
実生苗
…… 84, 103, 113, 153, 201
実生苗木…………………33
ミスト散水………………56
未成熟材…………………18
ミツマタ……………… 161
無花粉遺伝子… 90, 98, 104
無性繁殖……… 50, 76, 176
メンデルの遺伝の法則
………………… 104, 106
木質バイオマス……41, 138
木造軸組工法……………83
森の巨人たち百選…… 163

や行

ヤクタネゴヨウ……… 163
野生性……………… 16, 17
野生復帰試験………… 164
山元立木価格……………82
山行苗木…………………
15, 23, 31, 36, 48, 92, 134
ヤング率…………………
81, 83, 94, 123, 135, 162, 203
有花粉遺伝子………… 106
ユーカリ類…………… 169
雄性可稔…………………90
雄性不稔…………………
90, 98, 103, 108, 136, 200, 210
有用広葉樹…………… 157
有用樹………………… 152
有用樹種……………… 165
優良品種・技術評価
委員会…………… 26, 99
優良品種の開発実施要領
…………………………99
優良母樹…………………76
ユリノキ……………… 161
陽樹冠………………… 127
葉面散布…………………69
幼老相関…………………94
予測モデル…………… 140
弱い選抜………… 22, 24, 93

ら行

ランダム配置……………76
ランダムフォレスト… 205
リカルシトラント種子
……………………… 159
リッジ回帰…………… 206
流水処理…………………52
立木販売…………………39
立木幹材積表………… 121
両性不稔品種………… 109
緑化樹………………… 157
林縁個体……………… 118
林業種苗法……… 115, 132
林木育種場…………… 151
林木遺伝子銀行110番
……………………… 166
林木遺伝資源特性
評価要領…………… 154

林木種子の検査方法
細則……………………71
冷凍保存…………………73
劣性遺伝子……………106
レッドウッド……………83
レッドデータブック…163
連鎖…………………200
ロングリードシーケンス
技術…………………193

わ行

割つぎ……………………57

本書の執筆者

I章　林木育種とは

森林総合研究所林木育種センター
髙橋　誠（たかはし　まこと）

II章　エリートツリーと特定母樹

森林総合研究所林木育種センター
栗田　学（くりた　まなぶ）

坂本　庄生（さかもと　しょうき）

福元　信二（ふくもと　しんじ）

髙橋　誠（たかはし　まこと）

田村　明（たむら　あきら）

澤村　高至（さわむら　たかし）

富山県農林水産総合技術センター森林研究所
斎藤　真己（さいとう　まき）

静岡県農林技術研究所森林・林業研究センター
福田　拓実（ふくだ　たくみ）

愛知県森林・林業技術センター
狩場　晴也（かりば　はるや）

神奈川県自然環境保全センター
齋藤　央嗣（さいとう　ひろし）

▒Ⅲ章　林木育種に関連する技術・取組と新たな知見

森林総合研究所林木育種センター
山田　浩雄（やまだ　ひろお）

織部　雄一朗（おりべ　ゆういちろう）

千吉良　治（ちぎら　おさむ）

久保田　正裕（くぼた　まさひろ）

生方　正俊（うぶかた　まさとし）

宮下　久哉（みやした　ひさや）

平尾　知士（ひらお　とものり）

永野　聡一郎（ながの　そういちろう）

能勢　美峰（のせ　みね）

武津　英太郎（ふかつ　えいたろう）

森林総合研究所森林バイオ研究センター
小長谷　賢一（こながや　けんいち）

静岡県立農林環境専門職大学
平岡　裕一郎（ひらおか　ゆういちろう）

九州大学大学院農学研究院
渡辺　敦史（わたなべ　あつし）

林業改良普及双書　No.205

新しい林業を支えるエリートツリー
—林木育種の歩み—

2024年2月5日　初版発行

編著者 ——森林総合研究所林木育種センター
発行者 ——中山 聡
発行所 ——全国林業改良普及協会
〒100-0014 東京都千代田区永田町1-11-30
サウスヒル永田町5F
電 話　03-3500-5030
注文FAX　03-3500-5039
H P　http://www. ringyou. or. jp
MAIL　zenrinkyou@ringyou. or. jp

装　幀 ——野沢 清子
印刷・製本——奥村印刷株式会社

ISBN978-4-88138-457-2

一般社団法人 全国林業改良普及協会（全林協）は、会員である都道府県の林業改良普及協会（一部山林協会等含む）と連携・協力して、出版をはじめとした森林・林業に関する情報発信および普及に取り組んでいます。
全林協の月刊「林業新知識」、月刊「現代林業」、単行本は、下記で紹介している協会からも購入いただけます。
http://www.ringyou.or.jp/about/organization.html
〈都道府県の林業改良普及協会（一部山林協会等含む）一覧〉